婴儿心理学

关于婴儿哭闹、睡眠和安全感的秘密

〔英〕琳恩·默里　〔英〕莉斯·安德鲁斯◎著

袁　枫◎译　荀寿温◎审订

THE SOCIAL BABY

北京科学技术出版社

著作权合同登记号　图字：01-2022-0274

图书在版编目（CIP）数据

婴儿心理学：关于婴儿哭闹、睡眠和安全感的秘密 / （英）琳恩·默里，（英）莉斯·安德鲁斯著；袁枫译 . — 北京：北京科学技术出版社，2022.7（2024.8重印）
书名原文：The Social Baby
ISBN 978-7-5714-2104-5

Ⅰ . ①婴… Ⅱ . ①琳… ②莉… ③袁… Ⅲ . ①婴儿心理学 Ⅳ . ① B844.11

中国版本图书馆 CIP 数据核字 (2022) 第 026026 号

策划编辑：廖　艳		电　话：	0086-10-66135495（总编室）
责任编辑：廖　艳			0086-10-66113227（发行部）
责任校对：贾　荣		网　址：	www.bkydw.cn
图文制作：天露霖文化		印　刷：	北京宝隆世纪印刷有限公司
责任印制：李　茗		开　本：	710 mm×1000 mm　1/16
出 版 人：曾庆宇		字　数：	203 千字
出版发行：北京科学技术出版社		印　张：	11
社　　址：北京西直门南大街16号		版　次：	2022年7月第1版
邮政编码：100035		印　次：	2024年8月第2次印刷
ISBN 978-7-5714-2104-5			

定价：79.00元

"儿童计划"和《婴儿心理学》

1993 年女儿汉娜出生后,我们建立了"儿童计划"。汉娜还有两个哥哥——查理和巴尼,他们是我前一段婚姻的孩子。

我们都对汉娜的降生充满期待,感觉已经为她的到来积累了足够的知识,也做好了充分的准备。可事实是,我们对于她将给我们的生活带来的影响根本没有做足准备。与家中的两个男孩不同,汉娜是那种被我们习惯归类为敏感的孩子。

在最初的几周乃至几个月时间,我们经历了许多情感和身体层面的挑战,这些都是我们始料未及的,我们不禁扪心自问,究竟应该如何应对和理解这个新生命。通过跟朋友及家人的交流我们意识到,我们的经历其实很普遍,而问题的根源似乎是婴儿出生后随之而来的一系列连锁反应。诚然,婴儿出生的环境(文化、经济以及细节方面)各有不同,但在某些时候,所有父母都需要得到支持,以明确该如何应对出现的种种问题。表面看来,现代西方文化似乎将注意力完全放在追求物质财富和成功方面,想要找到与婴幼儿相关的问题的答案,有时候会遇到困难。确实,每个问题似乎都会得出许多互不相同、甚至彼此矛盾的答案。我们与爸爸妈妈们交流得越多,就越迫切地意识到需要做些什么,以给予他们答案和支持。这也是"儿童计划"和本书存在的理由。

"儿童计划"相信,只要从孩子出生起就给予孩子的父母足够的支持,帮助他们理解自己的孩子并与之沟通,就会促进父母与其处在成长过程中的孩子的亲子关系。从长远来看,父母和孩子之间摩擦的减少,会对孩子乃至最终会对我们的社会产生积极的影响。

作为父母,我们深知不能仅停留在自身观点的层面,因此,我们开始接触专业人士,看他们是否愿意支持我们的观点。经历了漫长的摸索之旅后,我们经人介绍结识了琳恩·默里教授——英国雷丁大学温尼科特研究中心的主任之一,她在研究母婴关系方面拥有极丰富的经验。近 3 年的时间转瞬即逝,通过我们与琳恩及合著者莉斯·安德鲁斯的共同努力,《婴儿心理学》终于成书。

通过本书,学者、亲身实践的专业人士以及父母们以一种彼此都可以接受的方式将所掌握的信息分享给所有人。从一开始,我们就充分意识到为这本书拍摄照片会给他人带来多么大的困扰,尤其是对那些初为父母的人而言,随着孩子呱呱坠地,他们可能会感到既敏感又焦虑。对于那些允许我们进入家中拍摄其孩子活动的家庭,我们表示由衷的感谢。为了达到最佳的拍摄效果,我们必须尽可能地"隐形",因此传统的闪光摄影技术显然行不通。我们谨慎地采用了便携式摄像机来捕捉亲子之间那些亲密、敏感而又微妙的沟通时刻,这些瞬间你们都能够在这本书中找到。这些录像最终被拷贝到电脑上,然后采取截取图像的方式成为本书的插图。大多数情况下,拍摄都是在这些家庭的居所中进行的,因此光线条件相差很大,经常与理想的条件相去甚远。某些图片的质量或许不尽如人意,但它们真实地呈现了婴儿的行为,这显然比图片的质量更为重要。据我们所知,这样的图片搜集过程前所未有,同样前所未有的还有这本了不起的书所呈现出的信息。

《婴儿心理学》的出版彻底改变了我们的生活以及我们看待孩子的方式。当我们的女儿出生时，我们并没有奢望拥有比现在更渊博的育儿知识，但是正如琳恩和莉斯曾经多次告诉我们的那样，唐纳德·温尼科特创造了"足够好的父母"这个短语。人人都打算成为最优秀的父母，我们希望这本书能带给与婴儿密切相关的每个人——不仅仅是新生儿的父母——支持和鼓励，让他们体验和理解每个婴儿独一无二的地方。

特别感谢朱莉、约翰及其全家，让我们有幸见证了伊桑的出生；感谢莉斯、比尔、斯蒂芬妮和麦克斯，感谢他们允许我们使用其个人视频，还要感谢所有其他父母及其宝贝放弃了自己的时间，容忍了我们每次拍摄带来的种种不便！

海伦·多尔曼，克莱夫·多尔曼
"儿童计划"总监

序 言

在过去25年左右的时间里，我们的工作始终聚焦于婴儿的成长变化。对我们而言，其中一人作为研究型心理学家，很大程度上掌握的是学术经验，更注重婴儿成长的本质特征以及影响婴儿成长过程的种种因素，包括倾听许多父母讲述他们在婴儿出生头几个月的育儿经历，以及观察婴儿并进行相关的实验性研究。而另一人作为健康访视员及咨询师，则能够与婴儿及其父母紧密协作，获得的是特别的临床经验。

最近，我们与雷丁大学温尼科特研究中心以及西伯克郡健康信托基金的同事们一起，以开展研究为基础，制订了一份孕妇孕期和产后最初几个月的护理计划。该计划的主要目的是帮助父母了解婴儿的早期能力，尤其是他们的社交反应。此外，制订该计划也是为了帮助父母处理他们共同关注的问题，比如婴儿的啼哭问题或睡眠困难。这本书就是以该计划为基础的，目的是为父母提供有关婴儿成长的资料，这些资料既能引起他们的兴趣，又能帮助他们在孩子出生的头几个月更好地照料孩子，因为，深入了解婴儿的感受将会提升为人父母及照料孩子的乐趣。

当然，婴儿的父母通常会与他们最初的护理团队——他们的私人医生或健康访视员保持密切联系，没错，他们在育儿过程中遇到任何困难，都应该求助于这些专业人士。然而，我们了解到的实际情况是，许多父母在面对此类问题时并没有寻求专业的帮助，而是在没有支持的情况下苦苦支撑。我们希望这本书所包含的信息能对这些父母有所帮助，或者鼓励他们在适当的情况下寻求专业帮助。至于那些足够幸运的父母们，他们的孩子很少哭闹、整夜安睡，同时将生活视为快乐的源泉，我们也希望这本书能够为他们提供与其孩子成长相关的信息，能够让他们更加欣赏自己的孩子。

琳恩·默里、莉斯·安德鲁斯

推荐序一

20世纪40年代，唐纳德·温尼科特博士就育儿问题进行了广播讲座，讲座内容使新一代女性在育儿时拥有了遵从其直觉的自由，而所谓的育儿专家的职能则被削减了，他们只会针对婴儿的基本医疗问题提供建议。一位女士问温尼科特的学生彼得·蒂扎德爵士："如果我拥有3个大学学位，却欠缺直觉，我该怎么办？"而另一位女士则对我说："如果所有人提出的建议我都能接受，那么我根本就不需要它们。"

琳恩·默里是雷丁大学的心理学教授，同时兼任温尼科特研究中心主任，现在，她从前辈们手中接过接力棒，总结过去半个世纪积累下来的所有与婴儿相关的新知识，并做出了卓越的贡献。如果科学是对直接观察所得结论的系统阐述，那么默里教授的工作可以被描述为源于天然的科学。婴儿出生后的一系列可爱的照片便是构成其科学理论的章节和词句，是为她撰写的文字做的解释说明。她和健康访视员莉斯·安德鲁斯合著的《婴儿心理学》面向所有对婴儿有着浓厚兴趣的人，尤其是婴儿的爸爸妈妈，全书语言通俗易懂，可读性极高。两位作者都已为人母，这就确保了整本书的内容无论是在现实世界的育儿室，还是在实验室，都经过了检验。

希望那些准备迎接家庭新成员，尤其是迎接第1个孩子的父母们，能在这本书中找到他们正在寻找的东西，使这本书成为父母在孩子出生后的几周乃至几个月内的乐趣和责任指南。父母们需要充分认识到，从呱呱坠地那一刻起，新生儿就已经迈出了人生的第一步，不再是生理需求和反应的集合体。育儿的传统智慧曾经由母亲以身教而非言传的方式传给自己的女儿，但如今这种方式已经愈发弱化，对于国家的未来而言，随着出生率的下降，我们要尽最大的努力，保证我们的育儿实践确实能够满足以新生儿为代表的绝对初学者的复杂情感需求，这一点至关重要。这或许需要政府及个人家庭对社会优先事项做出重大调整。我们不能沉溺于创造新人类的重大行为中，因为这跟许多宠物主人不自觉地承担起他们无法履行的责任没什么两样。父母们对这些心知肚明，理应得到本书所给予的支持。让我们共同期待，国家公职人员、政治家和某些专业人士有一天也会阅读这本书，因为从许多方面来讲，那些与生物欲望相关的最基本、最重要的活动往往让人们感到难以应对，当人们因此而感到担忧时，往往会咨询上面提及的专业人士。

约翰·A.戴维斯

剑桥大学儿科名誉教授

推荐序二

婴儿期是孩子人生中的第一个关键敏感期，是干预和训练感知能力发展的关键期，是各种认知能力发展最迅速的时期。作为一名有 30 多年教育实战经验的督导师，我常常面临非常两难的境地：一面是孩子自身情绪与行为的需求满足，另一面是父母面对孩子问题的痛苦与煎熬。要解决这两方面的问题，母亲（养育者）的敏感性是一个及其关键的因素。具有高敏感性的母亲（养育者）培养出的孩子体格更健康，也会具有较好的社会能力和认知发展。本书为父母等婴儿养育者提供了理解婴儿、保持高敏感性的丰富素材。

本书聚焦婴儿的养育问题，以婴儿的社会性自我成长为视角，引导养育者学会观察婴儿的体态、表情，理解婴儿独特的沟通方式，倾听婴儿的心声，从而理解婴儿的世界。婴儿正是在"交谈"，被触摸、喂养和安慰时，建立了与外在世界的健康、稳定的心理关系。养育者对婴儿所发出的信号敏感并能及时响应他们的需求有助于婴儿大脑细胞间形成突触连接，这不仅使婴儿具有终身抵御压力和情绪失衡的能力，也有助于婴儿理解自己的情绪、理解周围的世界，并在他们拥有的关系中感到安全与可依恋。

婴儿从出生起就是一个独立的个体，有自己独特的特征，并以此向外界证明自己已经是一个完整的个体了。本书的核心是引导父母通过观察自己的孩子来认清婴儿的行为并非无意识的，这些行为展现出婴儿感知世界的一些要素。本书通过社交世界、物质世界、啼哭、睡眠、安全感等主题，通过展示大量实例场景及近 1000 张照片的示范指导，引导父母等养育者理解、认识婴儿的个性特征，从而给予他们最恰当的照料，同时父母在育儿过程中也能更轻松从容，推荐给相关的专业人士、养育者和父母阅读！

高岚教授
2022 年 4 月于麓湖

致 谢

本书仅有部分内容源自两位作者的亲身经历。本书的问世很大程度上要归功于婴儿成长领域众多研究人员和临床医生的辛勤工作，他们使我们对婴儿和婴儿的父母有了更深入的理解。唐纳德·温尼科特及其同事马丁·詹姆斯、马德琳·戴维斯、科尔温·特雷瓦森和贝瑞·布雷泽尔顿所持的观点对这本书产生了极其重要的影响。感谢波林·道丁帮助我们联络婴儿们的父母；感谢大卫·安德鲁斯、琳赛·考克斯及梅勒妮·贡宁帮助我们记录胎儿的行为；感谢杰基·彼得斯和莉斯·斯科菲尔德协助记录婴儿对妈妈气味的反应；感谢珍妮·卡普夫和克莱尔·劳森帮助我们记录父母与婴儿的互动；感谢唐娜·韦伯协助我们准备文案。我们还要感谢伊恩·圣詹姆斯·罗伯茨对婴儿啼哭的内容提出专业建议；感谢彼得·弗莱明和迪特尔·沃尔克对婴儿睡眠的内容提出专业建议；感谢威尔夫·史蒂文森对支持父母策略的内容提出专业建议；要特别感谢约翰·戴维斯、希拉·希利以及彼得·库珀对整本书提出的宝贵意见和建议；感谢詹姆斯·塞恩斯伯里的个人支持。

我们还要向所有允许我们进行拍摄的家庭表示衷心的感谢。

最后，非常感谢克莱夫·多尔曼和海伦·多尔曼夫妇，他们在摄影和设计方面的才华让我们能够更加全面地表达自己的观点。

注释：在本书中，我们用"她"来指代所有婴儿，目的是避免因使用"他"和"她"而使整本书的内容变得复杂。书中的所有信息和建议同样适用于男孩。

图片来源

出版方在此感谢以下摄影师，感谢他们允许本书转载其图片。

琳恩·默里及彼得·库珀：第3页、第24页顶端及底端、第26页、第27页、第32页中间、第38页、第39页、第40页、第41页、第50页、第51页、第70页顶端及底端、第80页顶端、第104页顶端、第108页及109页顶端的图片故事、第140页顶端、第152页顶端。

大卫·安德鲁斯：第4页。

莉斯和比尔·沃克：第22页、第23页及第83页。

海伦·多尔曼和克莱夫·多尔曼：其他所有图片。

引 言

100 年前，著名心理学家威廉·詹姆斯认为婴儿的精神世界处于"隆隆有声、嗡嗡作响的混乱状态"。但近年来，人们对于婴儿感受的认知水平已经有了大幅度的提升。研究表明，新生儿从出生开始就拥有复杂的心理活动，表面上看似随意且混乱的行为，其实有着极高的组织性。婴儿具备的各种能力之中，即便是在他们出生后的最初几周，最引人注目的仍然是他们的社交反应。当然，这种能力具有很强的适应性，因为婴儿完全依赖他人的照顾，他们要存活下去，最根本的是建立可靠的关系，并对自己的需求保持敏感。婴儿对其他人的反应十分敏感，他们的面部表情和手势极富表现力，即使是在出生后的最初几周，因为这有助于他们从父母处获得所需的悉心照顾。观察婴儿的表情和动作的微妙变化模式，领会这些线索的重要意义，父母们就有可能领会到婴儿感受的丰富性，并得到引导，从而理解和帮助他们的孩子。

每个婴儿都与众不同

有两个或更多孩子（包括同卵双胞胎）的父母都清楚，从刚出生开始，婴儿之间的行为方式便存在着很大的个体差异。引发这种状况的原因有很多，例如早产或体型相对较小会对婴儿的行为产生影响。然而，即使是足月出生的婴儿，或者出生时体重正常的婴儿，彼此之间也存在明显的差异，尽管我们对这种差异的根源仍然知之甚少。每个婴儿都拥有独一无二的基因组，孕育胎儿的子宫的内部环境也有较大不同。比如，婴儿很早就对周围环境的变化特别敏感，或者他们在开派对的房间也能睡得着——这些差异可能会对照料她的人产生很大的影响。然而，许多提供给新手父母的信息和建议却忽略了这样的差异，只是大致描述了"正常"婴儿的情况，尤其是有关婴儿的睡眠和啼哭方面的信息和建议，而这些却是父母们普遍关心的问题，如果自己孩子的行为跟书和手册中描述的不同，他们或许会感到焦虑。比如"经历了几周甚至几个月之后，婴儿通常能够做到整夜安睡"，这样的说法虽然从总体来讲是正确的，但如果自己的孩子并非如此，父母很可能会感到忧虑。如果善意的专业人士或亲友头脑中有"正常"孩子的假设，他们不经意提出的问题也会被认为是挑战："他到现在会笑吗？"可能会被理解为："他到现在应该会笑了，如果他没笑，那一定是哪里出了问题。"

本书的核心主题是引导父母通过观察自己的孩子——搞清楚婴儿的行为并非随机的，还能够透露出婴儿感知世界的一些要素——来给予他们最恰当的照料。本书对婴儿的成长进行了一般性的描述，但描述的目的是帮助父母感知婴儿的早期能力，而不是列出任何给定的时间"应该"发生的事项。对父母而言，最重要的是要意识到在如何表现和发展这些能力方面，不同的婴儿之间存在着极大的差异。

目　录

第一章

婴儿的社交世界

初识世界

　　婴儿在出生前就已经是社交世界的一部分。听到妈妈或者周围其他人的声音，会让尚未出生的胎儿直接进入她将面对的社交世界。她们也能感觉到妈妈日常生活的节奏，何时安静，何时忙碌。妈妈的压力大不大、吃什么、是否吸烟、活动周期是怎样的……胎儿都能够感受得到。

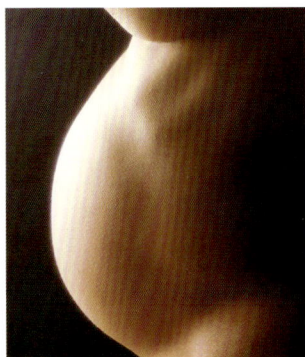

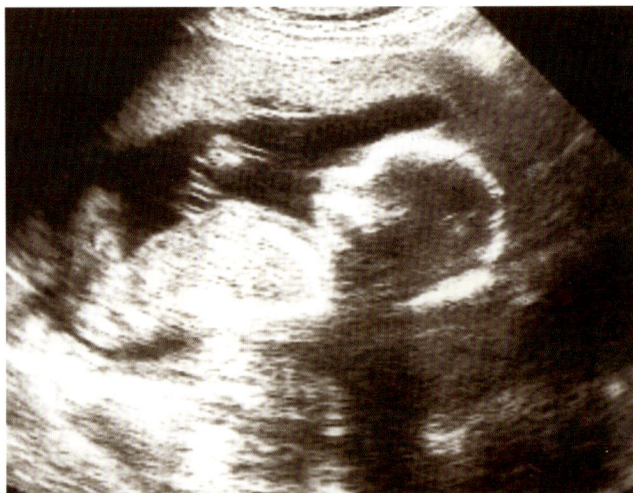

1. 杰米的弟弟阿莱克斯还有 1 周就要出生了。阿莱克斯在妈妈的肚子里动来动去、踢来踢去，杰米很愿意感受弟弟的这些活动。

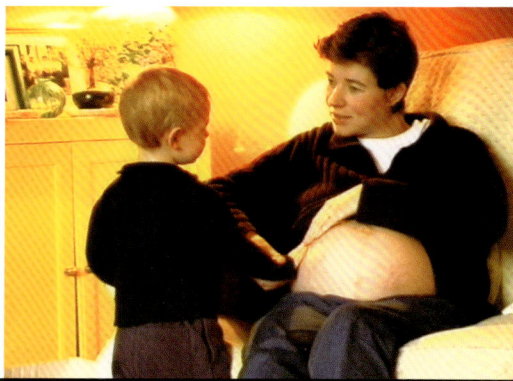

2. 妈妈凯瑟琳帮杰米找到感受阿莱克斯双脚活动的最佳位置。

3. 杰米抚摸那个位置的时候感觉很害羞，手的动作很轻柔，并且跟妈妈分享这次体验。

4. 杰米俯下身，吻了吻能够感受到弟弟的小脚踢来踢去的地方。

5. 杰米抚摸着胎儿，还对他说话，兄弟之间的亲情在杰米的想象中已经逐渐成形。

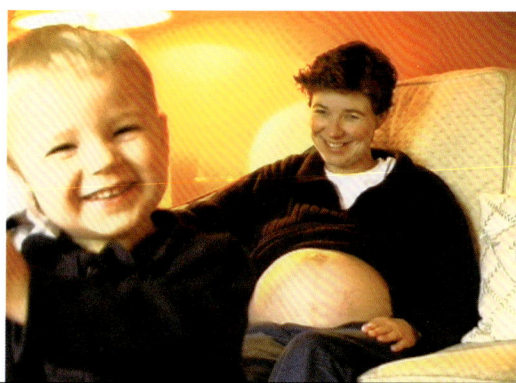

6. 杰米变得越来越兴奋，但他也有些担忧，跟尚未谋面的弟弟进行沟通时，他总会带着自己的安抚毯。

随着孕期接近尾声，大约在第 36 周，胎儿通常会逐渐形成自己的休息和活动周期。右侧的图 1.1 和图 1.2 表明了胎儿是如何形成这种周期的。图 1.1 是男婴阿莱克斯在妈妈怀孕 28 周时的活动记录，几乎看不到安静期和活跃期的明显迹象。图 1.2 记录的则是妈妈怀孕 34 周时阿莱克斯的活动情况，此时他的行为变得更有规律可循：前 20 分钟他很安静，但之后变得很活跃！阿莱克斯的妈妈能够清楚地感觉到胎儿的活动，而其他家人把手放在她的腹部时，也能够感觉到。

大约在同一孕期，胎儿会更多地注意到周围发生的事情，也开始控制自己对这些事情的反应。图 1.3 展现的是阿莱克斯对蜂鸣器的反应。在妈妈怀孕 38 周时，会将蜂鸣器贴在子宫壁上让胎儿聆听超过 3 分钟的时间。阿莱克斯第一次听到这个声音时以一记猛踢作为回应，他的心率也随之加快，但当他多次听到蜂鸣器的声音后，他逐渐学会了"关机"，我们通过图表只能看到很微小的动作反馈。即使是每天重复一两次、持续几分钟的事情，比如听妈妈所追剧集的主题曲，也会成为胎儿熟悉的一种体验，他会对此做出反应！

图 1.1　孕 28 周胎儿的活动记录

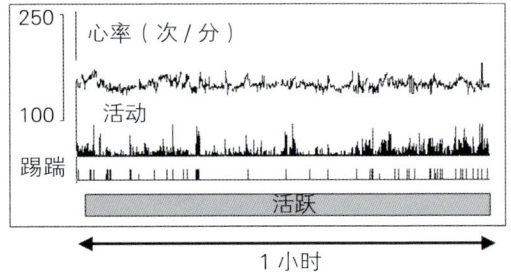

图 1.2　孕 34 周胎儿的活动记录

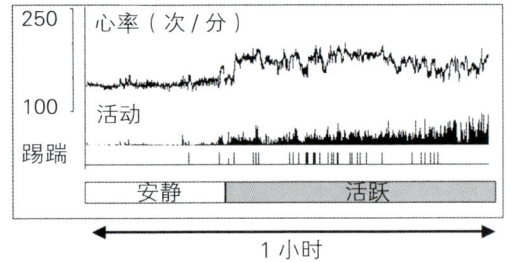

图 1.3　胎儿的习惯化行为

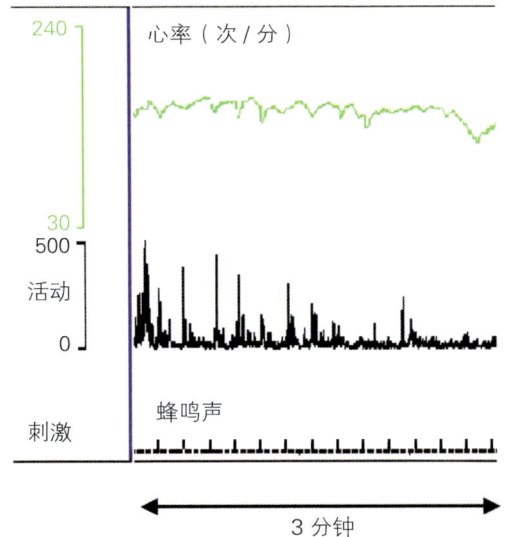

新生儿的初次社交

"见到你真高兴！"

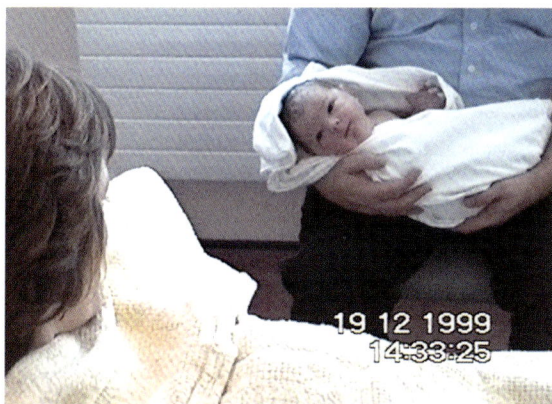

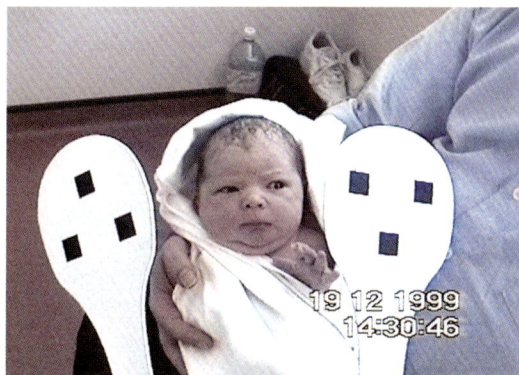

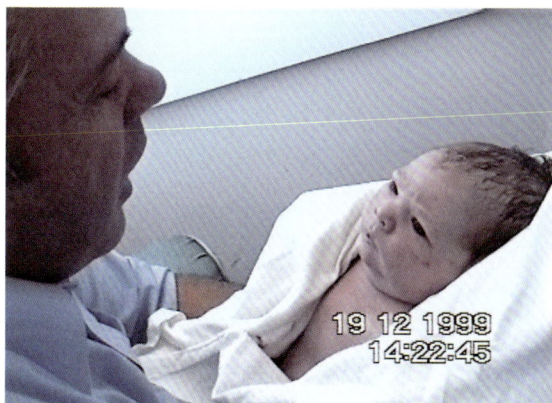

如果分娩很顺利，而且受到妈妈药物干预的影响也不大，那么刚刚降生的婴儿通常是完全清醒的，平静而又自在，专注地观察周围的环境，数小时后才会进入睡眠状态。婴儿的这段活跃期是个很好的机会，婴儿与其父母可以彼此沟通。出生后几分钟，婴儿就会表现出喜欢跟人而非物体接触的偏好。例如，听到有人说话，婴儿就会转过头去看，而其他物体发出的声音，即使音高和音强与人的声音相同，也不会吸引她的注意。出生前，胎儿就已经听到过说话的声音，所以这种反应是基于以往的经验。但婴儿也会被人脸吸引，而脸孔则是她以前从未看到过的。如果在人脸形状的图案和眼睛、鼻子及嘴巴混乱排列的图案之间选择，刚出生的婴儿选择看前者的时间会更长些。

新生儿拥有一项惊人的能力，即能够模仿他人的面部表情，这表明她已经准备好跟其他人进行沟通。刚出生几分钟的婴儿如果心情愉快、精神很好，会专注地盯着另一个人的脸，认真地端详对方。如果大人清楚而又缓慢地做面部动作，例如张大嘴巴或者伸出舌头，婴儿会凝神注视，然后模仿大人的动作。似乎婴儿已经能够感觉到，自己和另一个人在某些方面没什么两样。

当然，关于这个世界，年幼的婴儿知之甚少，无法感受到自我意识层面的复杂情感，如羞耻、内疚或尴尬。但除了这样的情感，婴儿从出生那一刻起就能够表达出各种各样的情感，包括厌恶、悲伤、快乐、恐惧和好奇，以向我们证明她已经是一个完全的个体了。

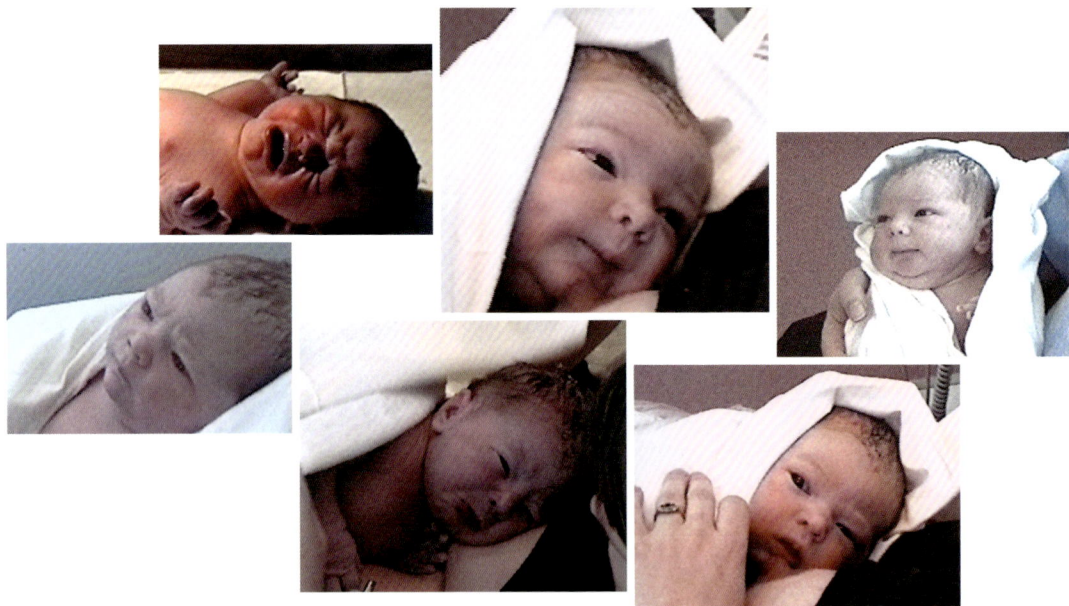

📽 照片故事

伊桑出生

时间是 14 点 7 分 55 秒。

妈妈很顺利地产下了伊桑，他的体重是 4.281 千克（9 磅 7 盎司），是个健康的婴儿。很快，伊桑就证明了他有能力安慰自己，方式是吮吸拇指。

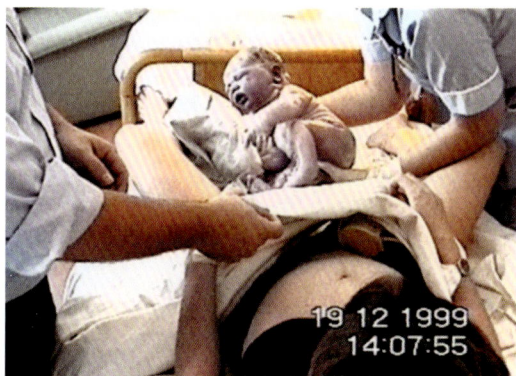

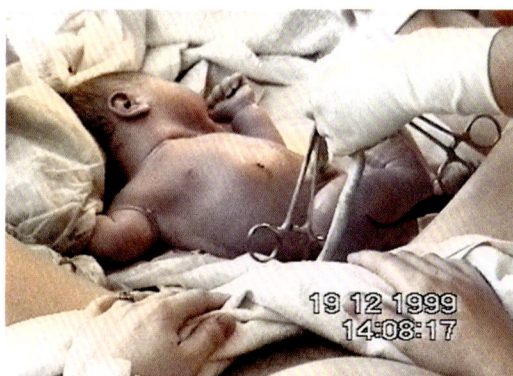

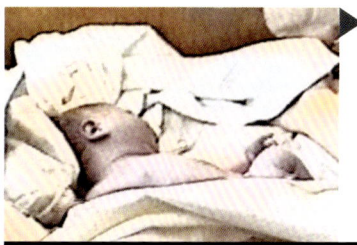

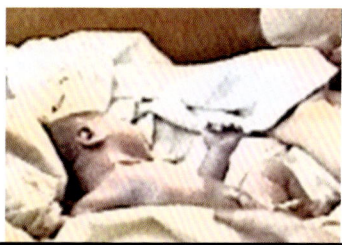

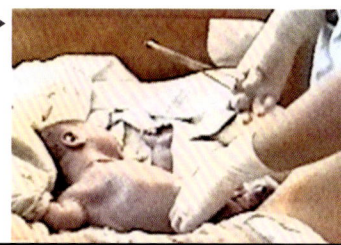

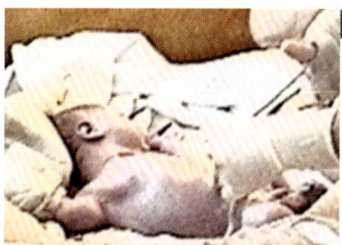

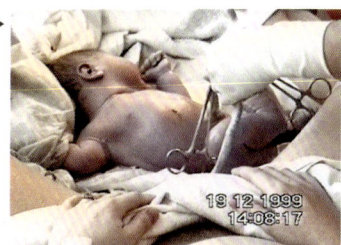

护士把伊桑放下，为他剪断脐带。伊桑把左手抬到嘴边，没用半分钟，他的嘴就找到了拇指，并开始吸吮。

📹 照片故事

第 1 分钟

　　伊桑被护士从产床上抱走以接受护理，这个让他初次感受世界的过程使他变得不舒服。

　　然而，回到妈妈身边后，他很快就平静下来了。

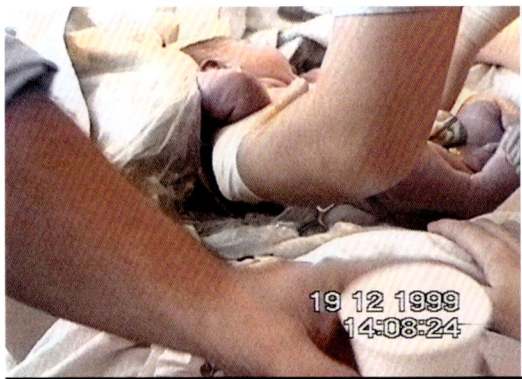

1. 护士把伊桑抱走，检查他的呼吸状况。

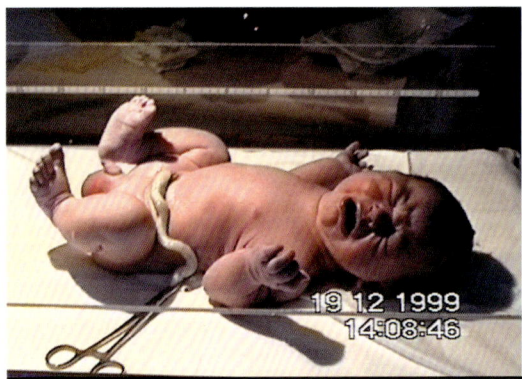

4. 伊桑躺在小床上，短时间内全身赤裸，再加上耀眼的灯光照得他睁不开眼，小家伙不由得哭了起来。

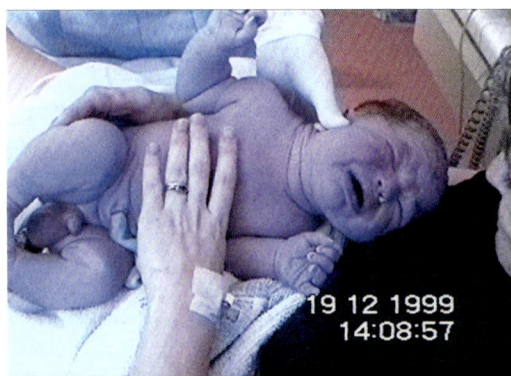

7. 当伊桑被放在妈妈身上后，他手臂舞动的幅度变小了。

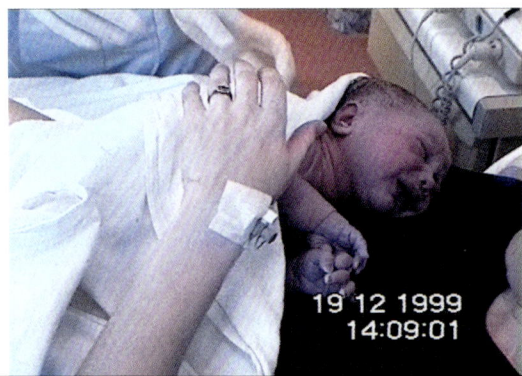

8. 妈妈给伊桑裹上了毯子，把他的胳膊塞进毯子里，他的情绪放松了许多。

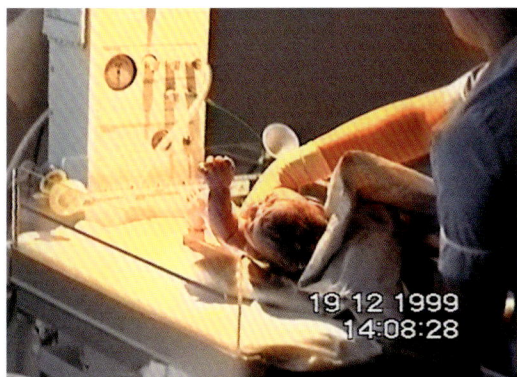

2. 被挪动时，伊桑的胳膊猛地往上一抬，被吸吮着的拇指也从他嘴里掉了出来。

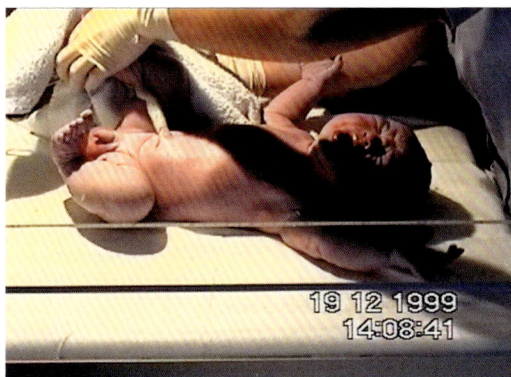

3. 护士拿开了包在伊桑身上的毯子，他舞动着手脚。

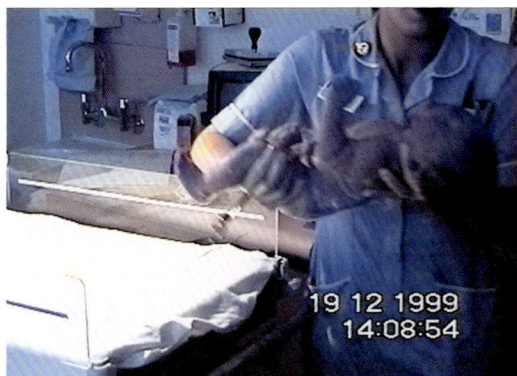

5. 检查完伊桑的呼吸状况后，护士抱起他准备将他送回妈妈的身边。

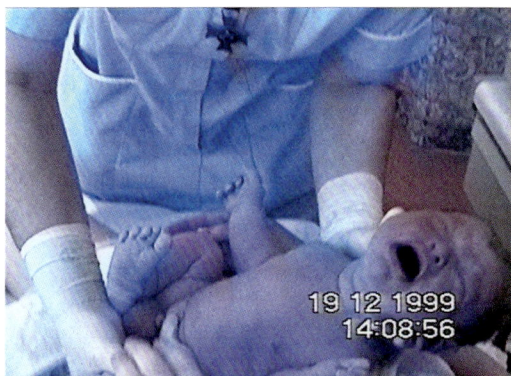

6. 伊桑刚刚被送回妈妈身边，情绪仍然没有稳定下来。

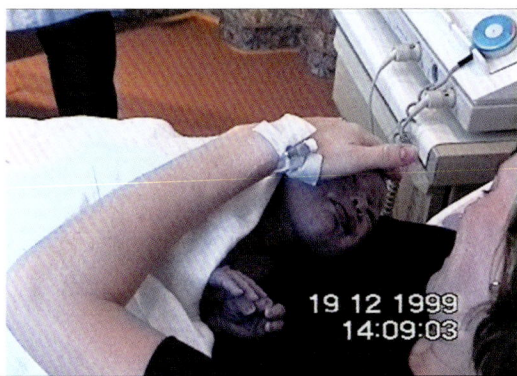

9. 伊桑的妈妈抚摸着他的脑袋，跟他打招呼，他慢慢平静下来。

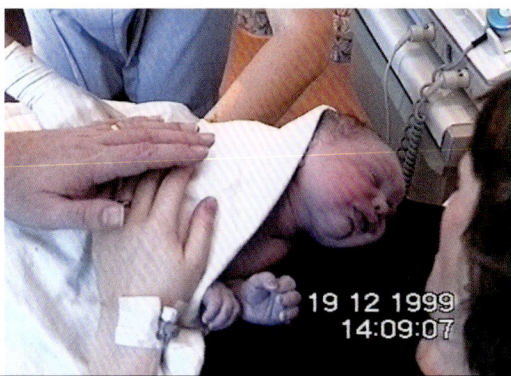

10. 此刻，伊桑这个出生不久的婴儿终于安静下来，依偎在妈妈怀里，露出舒服又放松的表情。

📽 **照片故事**

伊桑见到了妈妈

现在，伊桑已经放松下来，开始适应周围的环境了。

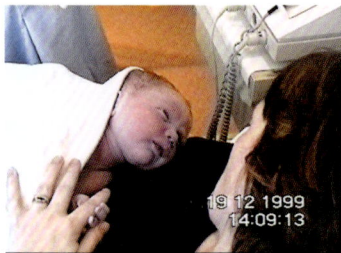 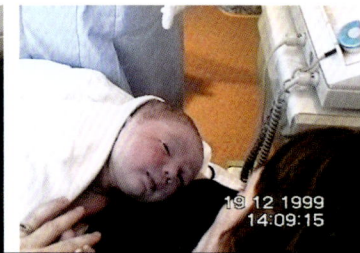 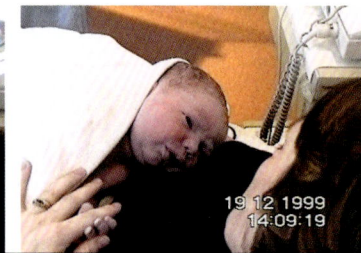

1. 伊桑睁开眼睛，直视着他的妈妈朱莉。　**2**　　　　　　　　**3**

被打断

伊桑必须应付新情况。

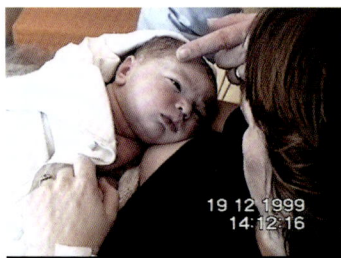  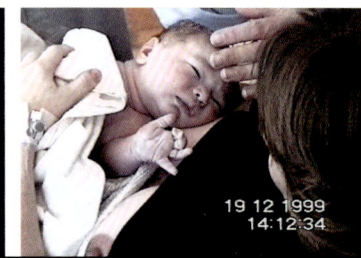

1. 伊桑继续盯着朱莉看，而他的爸爸约翰则开始抚摸伊桑的前额。　**2.** 爸爸的抚摸打断了伊桑和妈妈的眼神交流。　**3.** 伊桑开始烦躁起来。

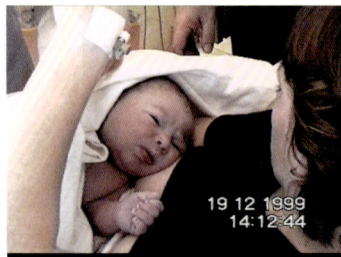 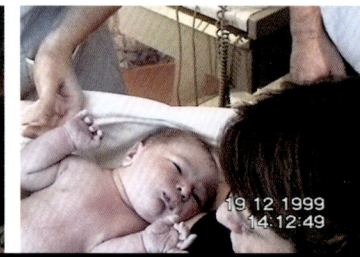 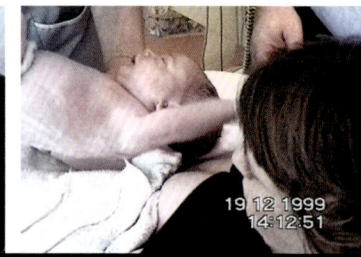

7. 这时，另一种干扰出现了，伊桑的毯子被掀开……　**8.** 他吃了一惊。　**9.** 当护士把伊桑抱起来时，他拼命挥舞着胳膊。

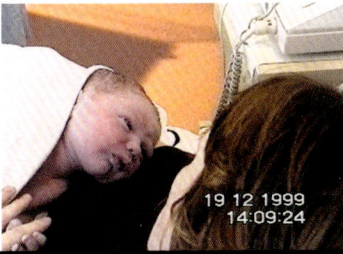
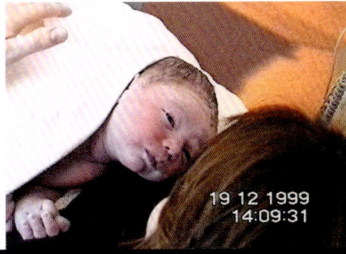

4. 他专注地望着她，双眼端详着
她脸上的每个细节。

5

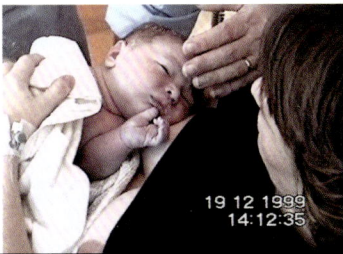
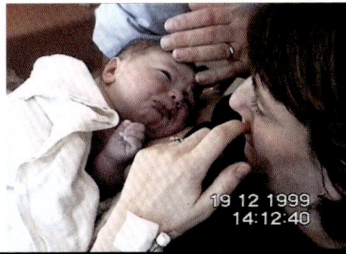
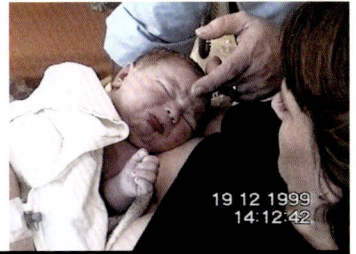

4. 伊桑把拇指抬向嘴巴，但却没
能吸吮到。他眯起了眼睛。

5. 伊桑露出不开心的表情，当抚
摸继续，他皱起了眉头。

6

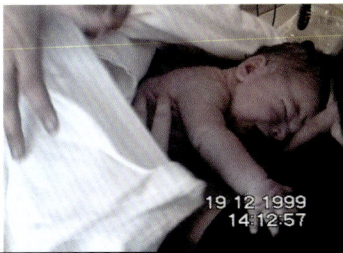
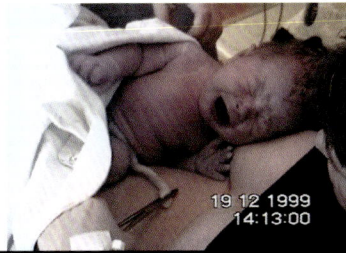
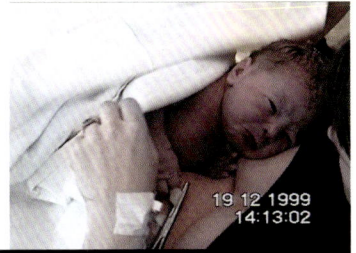

10. 尽管护士再次把他放回妈妈胸
前，伊桑还是很不开心……

11. 而且，脐带被夹住了。

12. 他再次望向妈妈的脸，但刚才
的那些干扰还是让他情绪不佳。

📽 照片故事

伊桑和妈妈逐渐变得熟悉

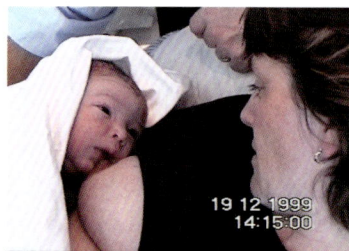

1. 很快，伊桑和妈妈恢复了眼神交流。护士把伊桑放回妈妈胸前，但其实他并不想吃奶，他只想看着妈妈的脸。

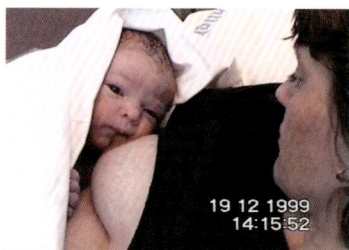

5. 当附近有人说话或走动时，伊桑偶尔也会往周围看。

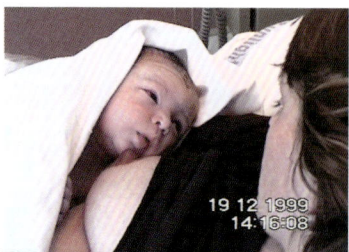

8. 甚至轻轻地发出"咕咕"的声音。

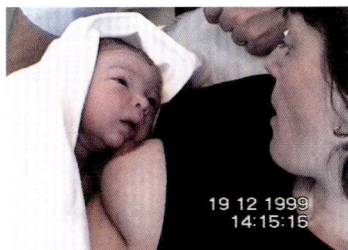

2. 伊桑又开始聚精会神地看着妈妈。

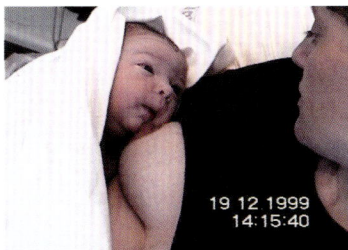

3. 当朱莉对他说话时，伊桑的面部表情更加多变，更加丰富。

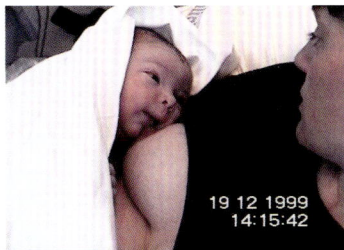

4

6. 但很快，他又开始跟妈妈对望……

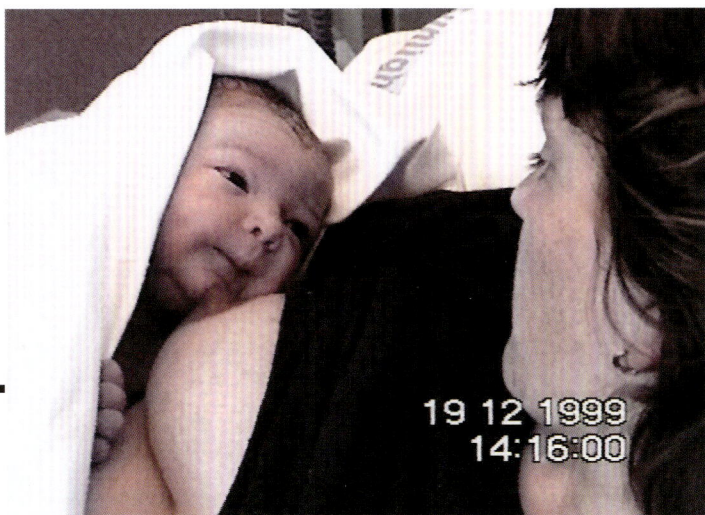

7. 他似乎真的很喜欢和妈妈交流……

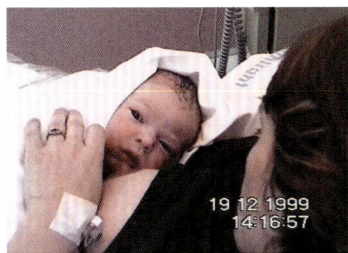

9. 过了一会儿，约翰跟朱莉说话，伊桑注意到爸爸的声音。

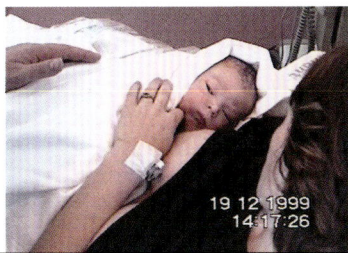

10. 伊桑转过头看着爸爸，凝神静听，脸上的表情很平静……

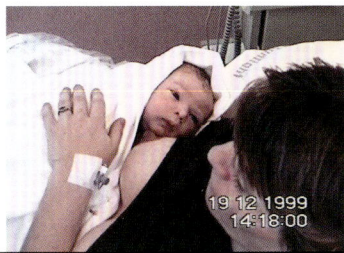

11. 当朱莉回应约翰时，他又将目光移回朱莉的脸上。

📽 **照片故事**

伊桑慢慢熟悉爸爸

　　护士正忙着照料伊桑的妈妈，伊桑有机会和爸爸约翰待在一起。伊桑花了几分钟时间仔细观察爸爸的脸，从上到下，从左到右，审视爸爸的面部特征。然后，约翰清楚而缓慢地做了伸舌头以及张大嘴巴的动作，以激发出伊桑模仿面部动作的能力。每次伊桑都保持精神高度集中，然后准确地模仿出爸爸的动作。

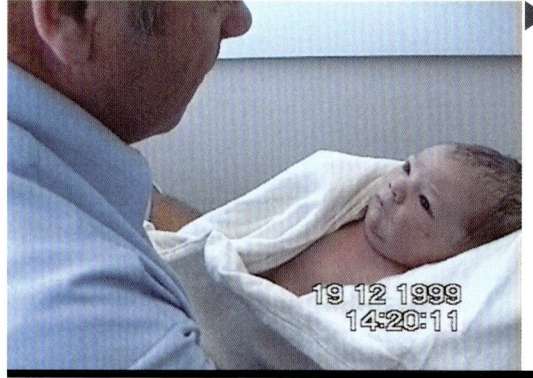

1. 伊桑专注地盯着爸爸。

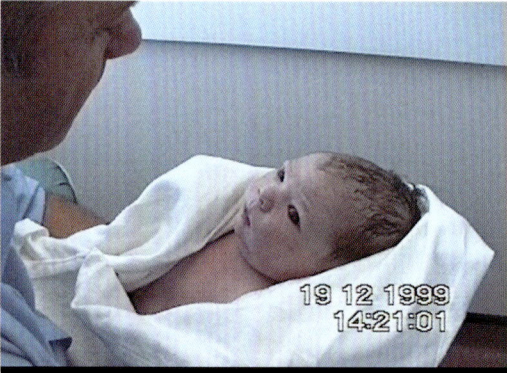

4. 他的双眼审视着爸爸的面部特征……

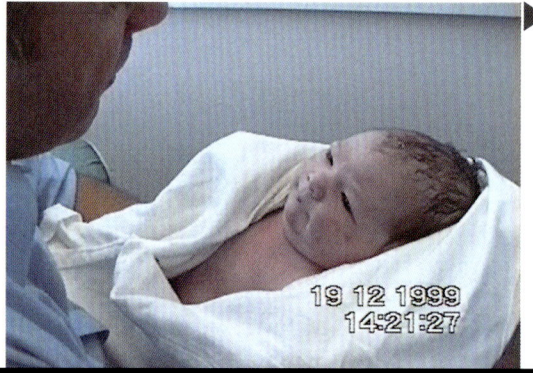

5

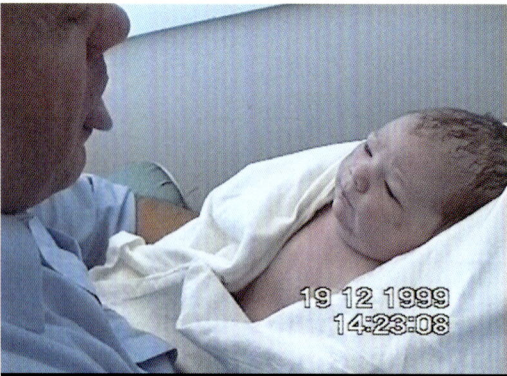

8. 约翰清楚而又缓慢地吐出舌头，伊桑则专注地注视着。

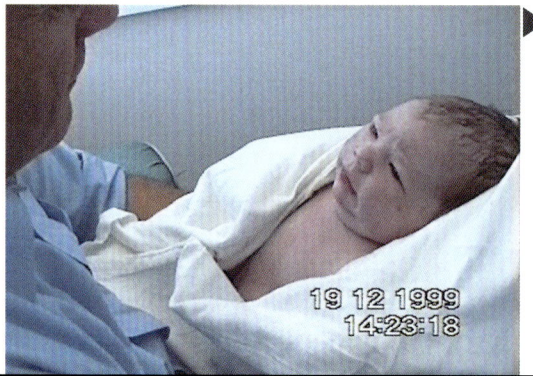

9. 伊桑继续专注地看着爸爸，然后，他的嘴巴开始动了。

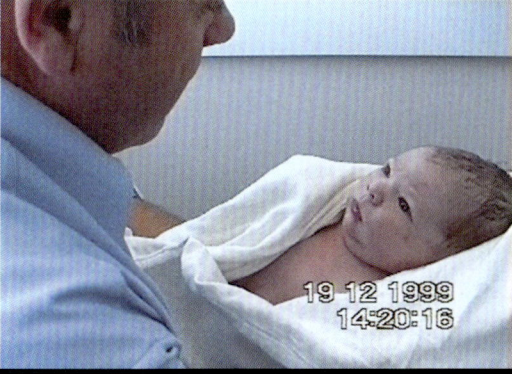

2. 他兴趣浓厚，目不转睛……

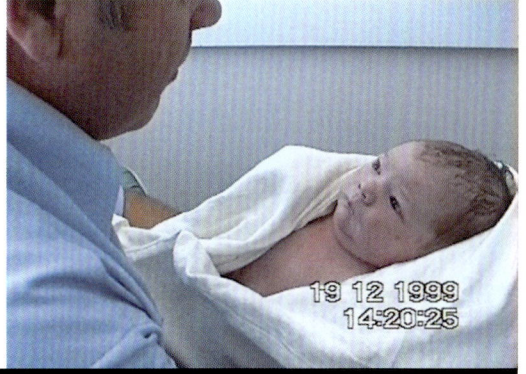

3. 伊桑仔细端详着爸爸的脸。

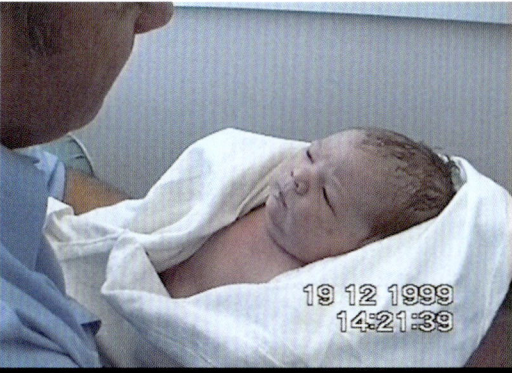

6. 有几分钟，他保持全神贯注的状态。

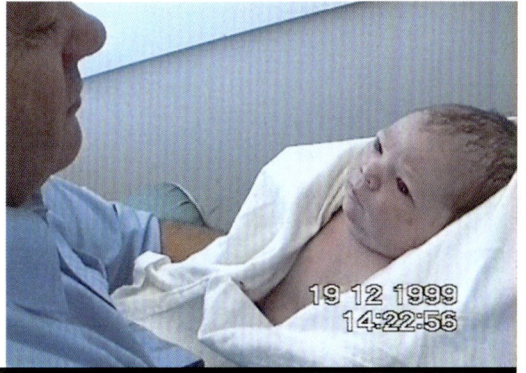

7

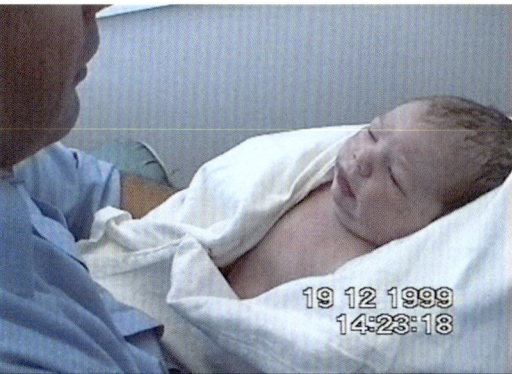

10. 伊桑似乎将全部注意力都放在嘴巴上，他皱起了眉头，甚至闭上了眼睛……

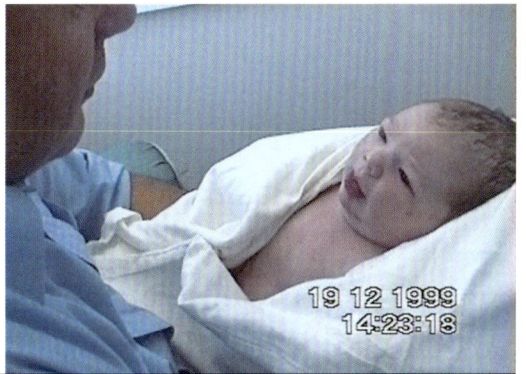

11. 然后，他又看着爸爸，吐出了自己的舌头。

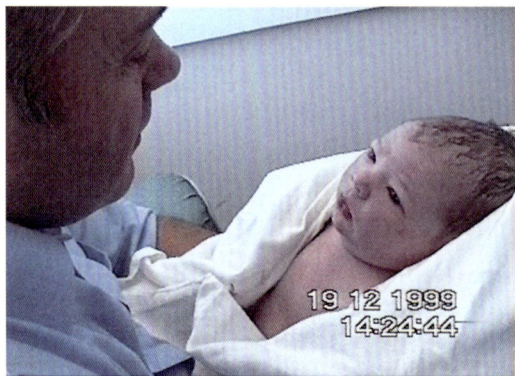

12. 过了一会儿，伊桑仍然注视着爸爸。

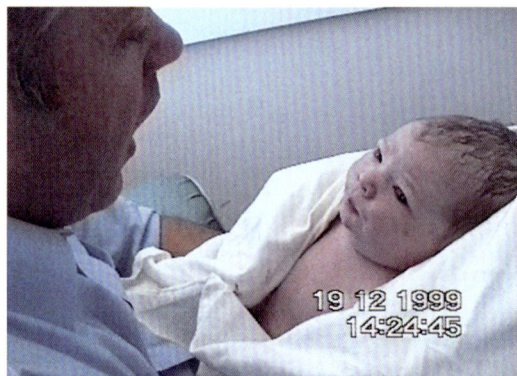

13. 现在，约翰张大嘴巴，伊桑留意观察着。

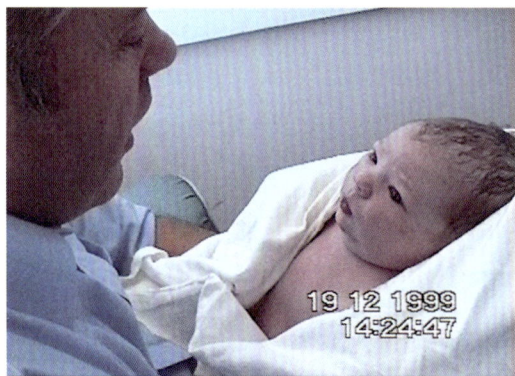

16. 当伊桑的唇形和爸爸的接近时，他再次睁眼看着爸爸……

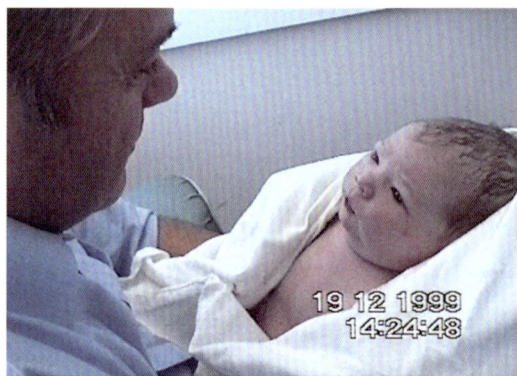

17. 伊桑的嘴巴放松下来。

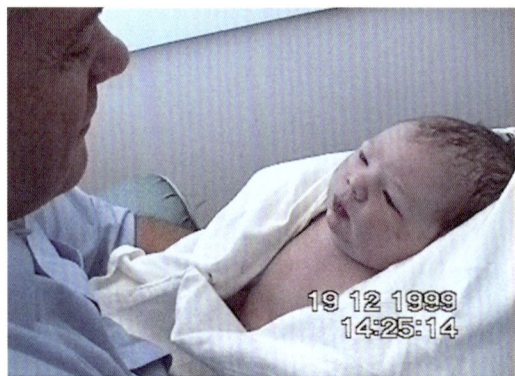

20. 他再次将目光瞥向一旁……

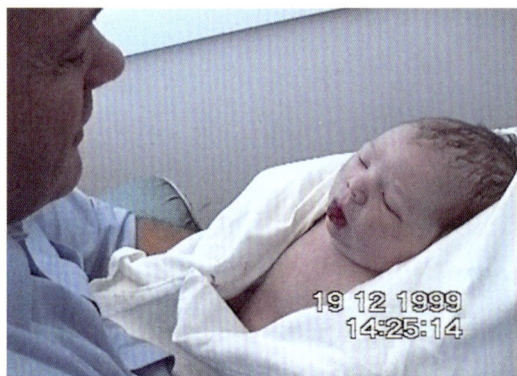

21. 闭上眼睛之前，他模仿爸爸的表情，吐出了自己的舌头。

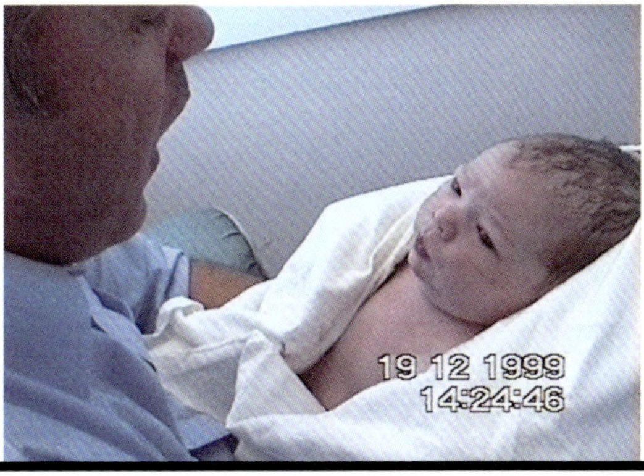

14. 伊桑将目光稍稍移开，他的嘴唇开始噘起。

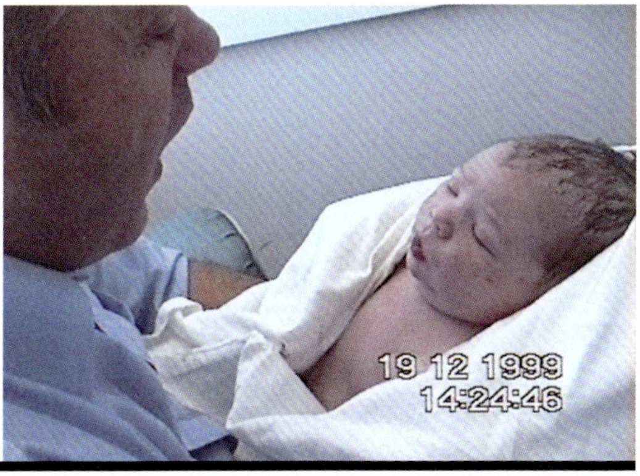

15. 他又一次闭上眼睛，似乎是要集中所有精力使嘴巴动起来。

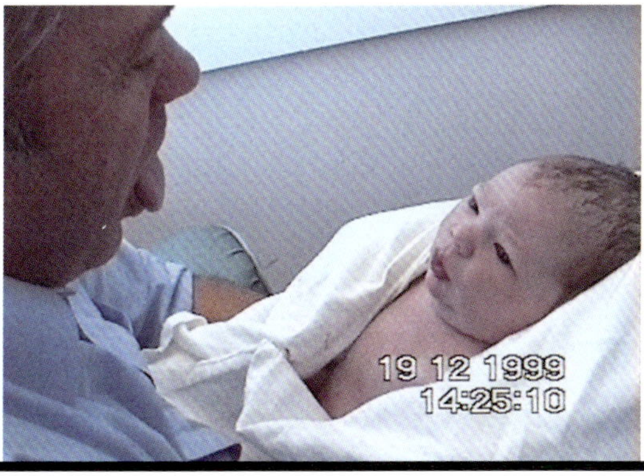

18. 伊桑凝神看着爸爸最后一次展示吐舌头。

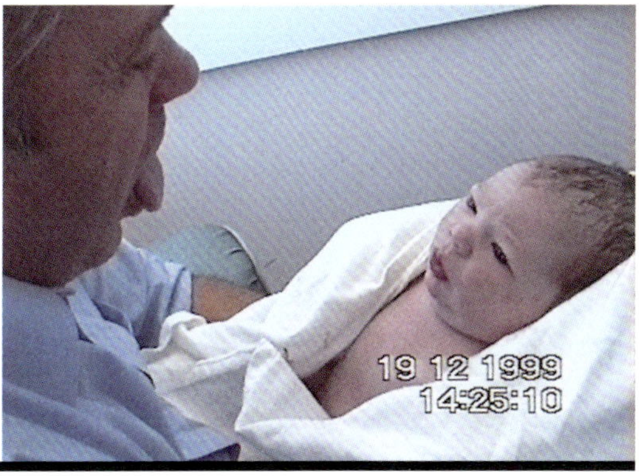

19. 伊桑的嘴开始动了……

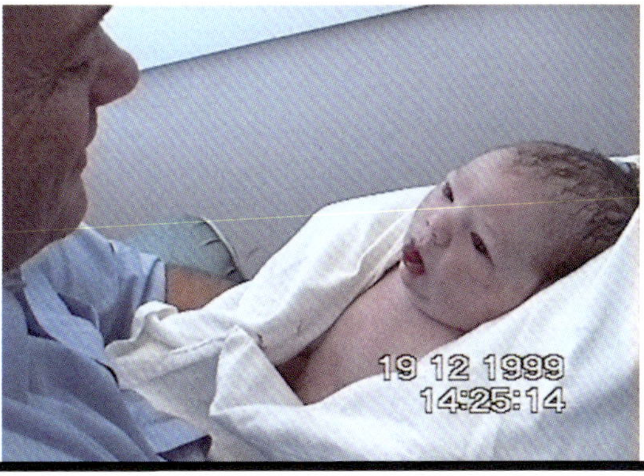

22. 伊桑清楚地吐出了舌头。

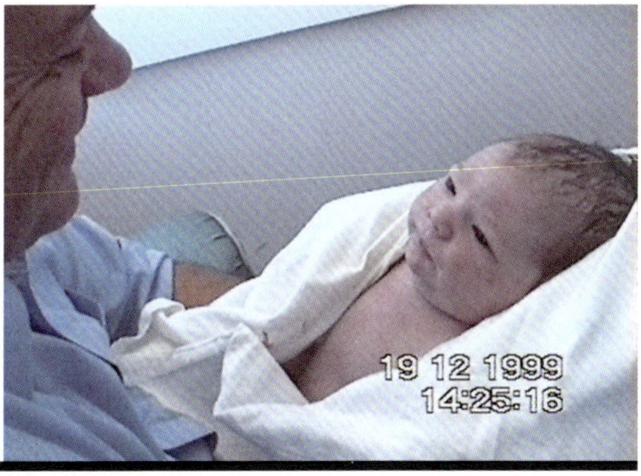

23. 这让爸爸感到既骄傲又开心。

📽 照片故事

伊桑更喜欢看类似人脸的图案

将两块桨形纸板举在伊桑面前，纸板与他之间的距离正好让他能够集中注意力。其中一块纸板上，简单的黑色图形排列成类似人脸的图案，另一块纸板上的图案则是完全颠倒的。

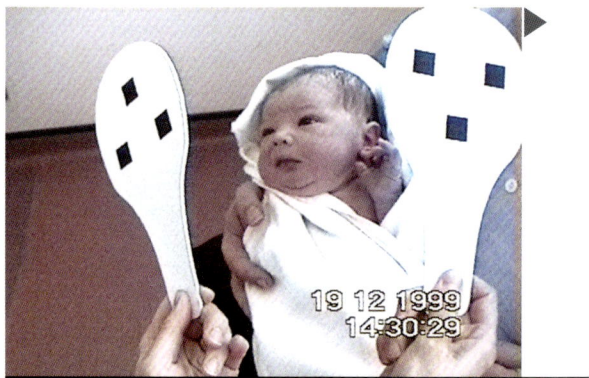

1.伊桑最初被这个颠倒的图案吸引住了。

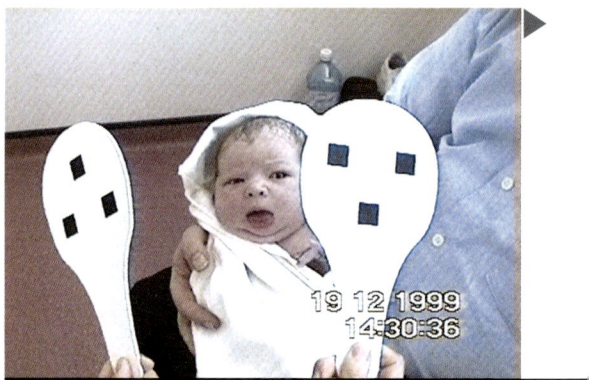

4

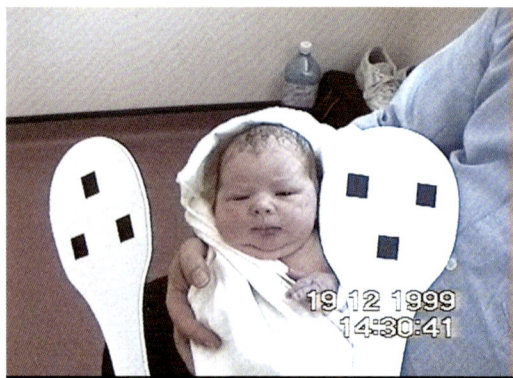

7.伊桑短暂地移开视线……

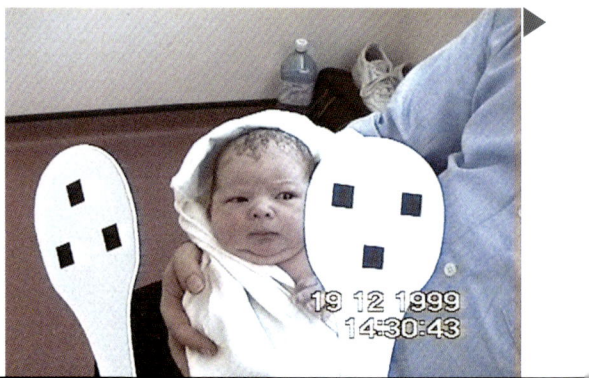

8.但他很快又看向类似人脸的图案……

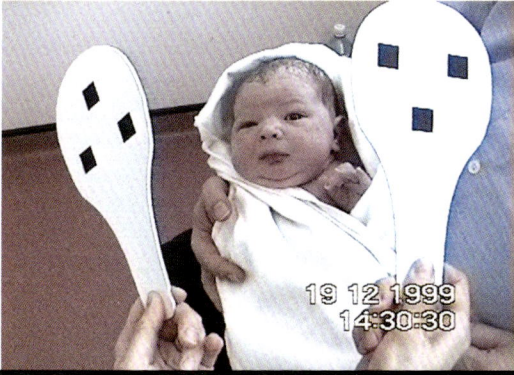

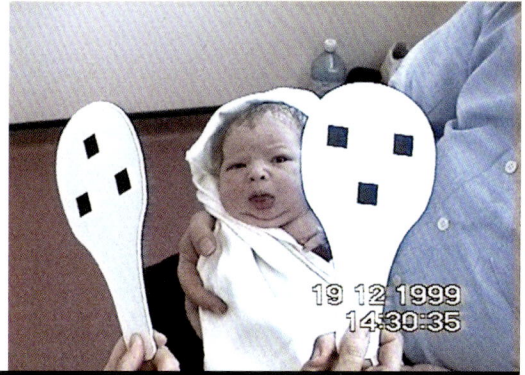

2. 但他很快转过脸去，目光扫过类似人脸的图案。

3. 这个类似人脸的图案的确吸引了伊桑的注意力，他专注地看着那块纸板。

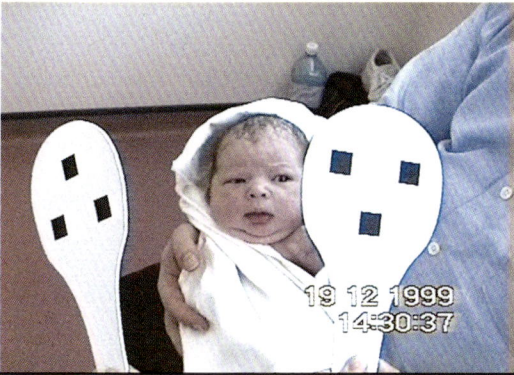

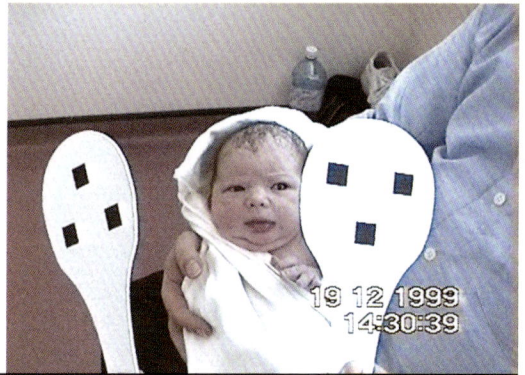

5

6

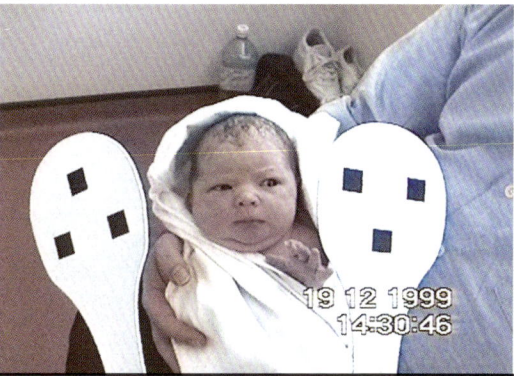

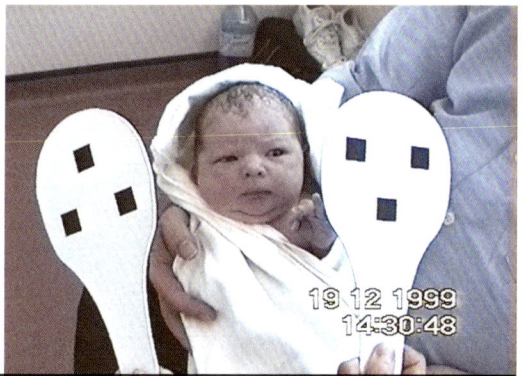

9. 他完全无视另一块纸板。

10

📽 照片故事

听到妈妈的声音，伊桑
转过脸去看妈妈

　　伊桑的妈妈还在产房里休息，约翰抱着伊桑坐在她身边。

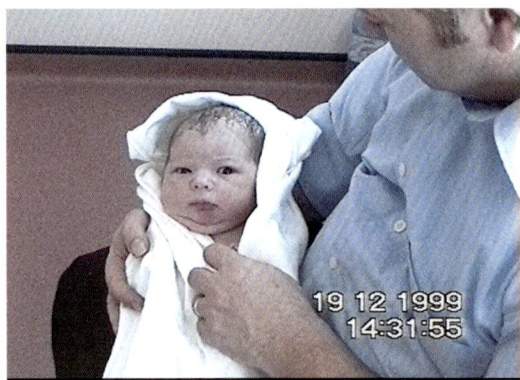

1.伊桑躺在爸爸怀里，情绪平稳，精神极佳。

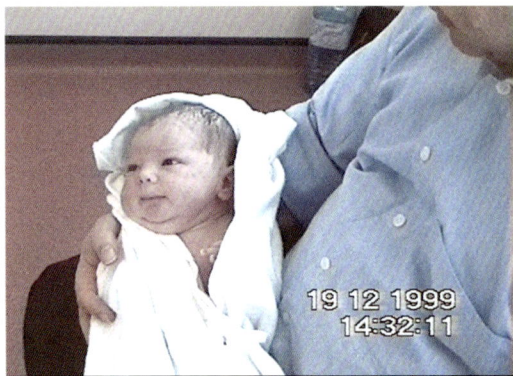

4

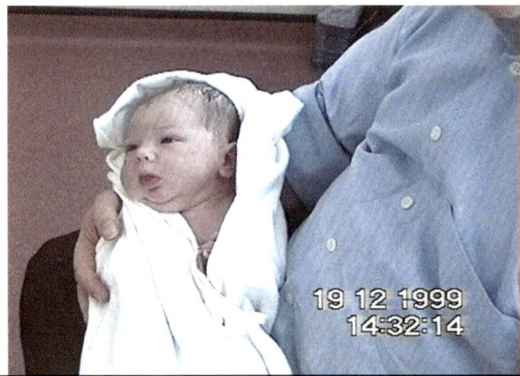

5

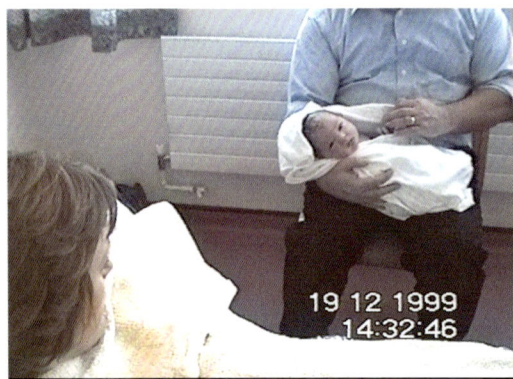

8

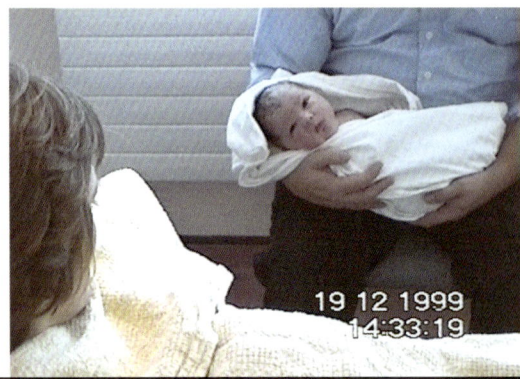

9.朱莉继续对伊桑说话，伊桑变得更加活跃，他的面部表情也变得更加丰富。

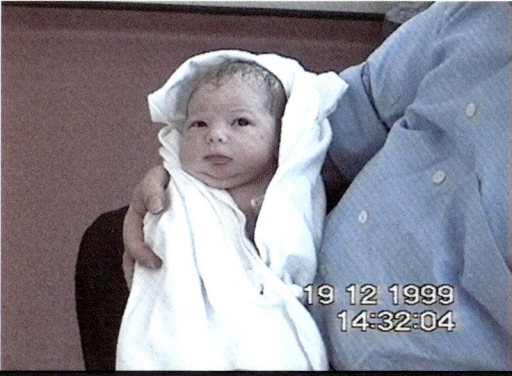

2. 约翰抬起头跟朱莉说话，伊桑仰起脸看向爸爸。

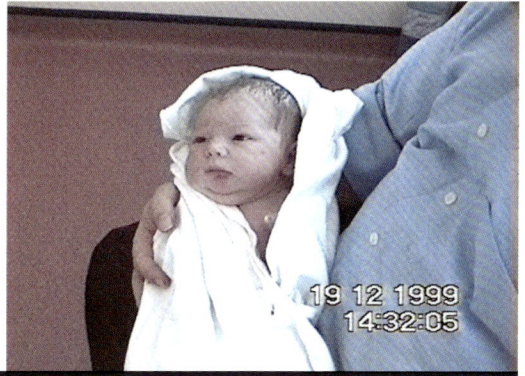

3. 朱莉回应约翰的时候，伊桑将头转向妈妈，并开始变得更加活跃。

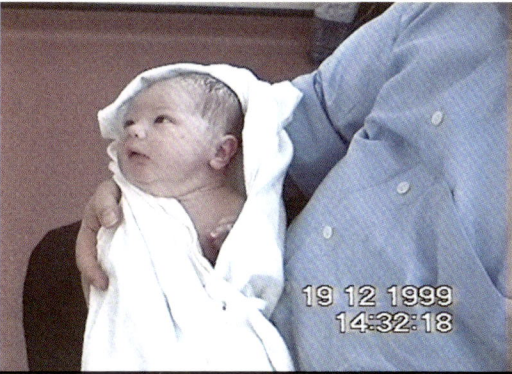

6. 现在，朱莉在呼唤伊桑的名字，伊桑更加积极地把头转向妈妈。

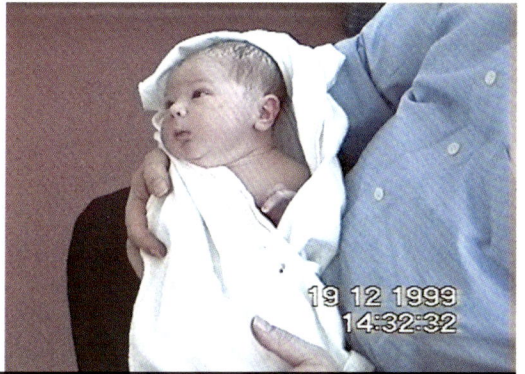

7. 虽然对伊桑来说，朱莉离得有些远，没法看清楚，但妈妈的声音还是强烈地吸引着他，使他急于做出回应。

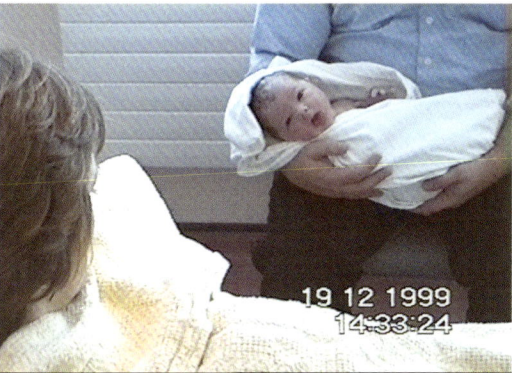

10

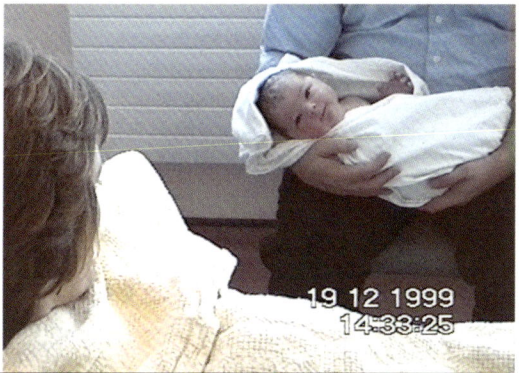

11. 这让朱莉强烈地感觉到，儿子虽然刚刚出生，但真的能够跟她交流。

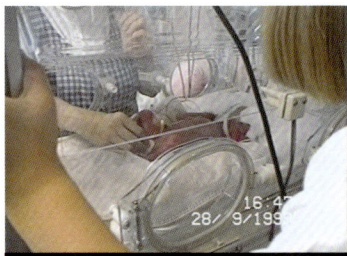

照片故事

一个早产婴儿及其父母的经历

麦克斯，从出生3天到7周

并非所有婴儿都能顺利地开启人生历程，例如她们可能早产或者发育不良。处理此类问题所需的医疗干预和婴儿自身的健康状况，会使婴儿在最初几周跟家人关系的发展变得稍显复杂。然而，即使在这种困难的情况下，婴儿丰富的表情，以及她希望与照料她的人建立联系的强烈冲动，仍有助于激发她的父母及兄弟姐妹跟她建立沟通的愿望。

麦克斯在妈妈怀孕第28周时出生，早产12周。然而，他是个健康的婴儿，以他的月份，他的体重还不算轻（出生时1.36千克，约合3磅），而且能够自主呼吸。最初的几天，他需要接受静脉输液，并且很难自己吸吮母乳，只能通过鼻子或嘴中的导管摄入妈妈挤出的母乳。不过，出生3周时，他就可以自己吸吮母乳了，7周时，他已经完全靠母乳喂养了。8周时，他就跟着父母回家了。

1. 麦克斯出生的第3天，他的妈妈莉斯和姐姐斯蒂芬妮在特制婴儿床的隔板外看着他。

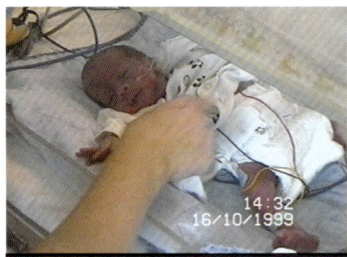

5. 麦克斯现在3周大了，看起来壮实了许多。他不再需要输液，虽然绝大多数的母乳仍然通过鼻饲的方式摄入，但他已经开始吸吮母乳了。

9. 然后睁大眼睛，继续注视着爸爸的脸……

10. 比尔感觉麦克斯持续这样做是真的在跟自己交流，他看上去精神极佳，兴趣浓厚。

11. 又过了1周（距离他原本的预产期还有5周），麦克斯不再需要鼻饲喂养。他哭起来也很有力。

2. 麦克斯在这里输液，享受恒定的温暖环境，并接受了轻度黄疸的治疗。为躺在小床上的麦克斯提供的服务都是通过"舷窗"完成的。

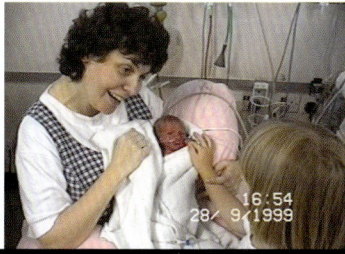

3. 因为麦克斯能够自己呼吸，身体也基本健康，所以可以把他从婴儿床上抱起来。斯蒂芬妮向弟弟伸出手，是莉斯鼓励女儿这样做的，让斯蒂芬妮开心不已的是，麦克斯的手握住了她的手指。

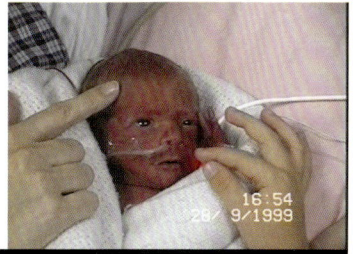

4. 莉斯和斯蒂芬妮不确定麦克斯是否能看清楚东西，但是她们都强烈地感觉到，麦克斯真的在看斯蒂芬妮的脸。

6. 抱着麦克斯，妈妈感觉很欣慰，因为他现在发育得很好。

7. 4周后的称重结果表明，自出生以来麦克斯已经长了 0.5 千克——确实进步神速。

8. 麦克斯 6 周大了。爸爸比尔抱着他。麦克斯看着爸爸，噘了噘嘴……

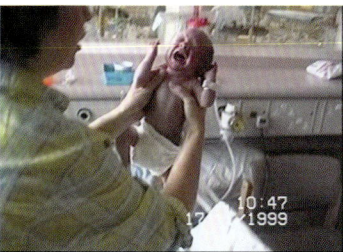

12. 莉斯把他从婴儿床上抱了起来……

13. 让他靠向自己的肩膀。

14. 麦克斯依偎在妈妈的肩膀上，这种身体接触带给他安全感，他很快就平静下来了。

特殊关系初形成

"这个人我认识……"

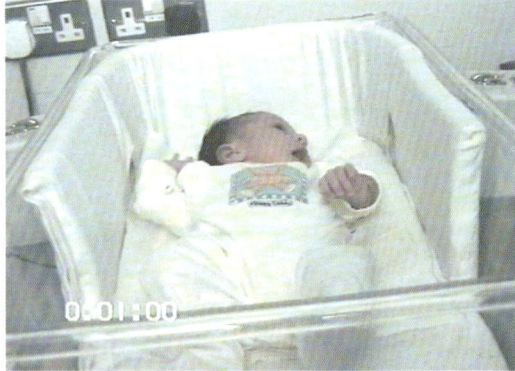

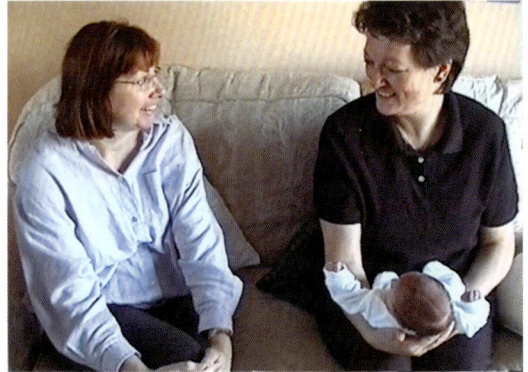

从出生那一刻起，婴儿就普遍对人而非物体更为偏爱，他们也会很快开始留意那些照顾他们的亲人有哪些特点。似乎婴儿已经做好准备，与跟她关系密切的人、她所依赖的人形成特殊的关系。甚至在出生前，胎儿就已经搜集到妈妈的某些特征，例如羊水的味道会让她熟悉妈妈的气味以及乳汁的味道。出生后的最初几小时，她会转向自己妈妈用过的衬垫而不是其他妈妈的衬垫，这说明她更喜欢妈妈的气味。同样，在出生前，胎儿就已经了解了妈妈的声音的某些特质，因此妈妈对她说话时她的反应更加强烈。虽然出生前，胎儿无法了解妈妈的外貌，但她已经为此做了充分的准备，出生后的一两天时间内，她会花很长的时间端详妈妈的脸，而不是去看其他女人的脸。

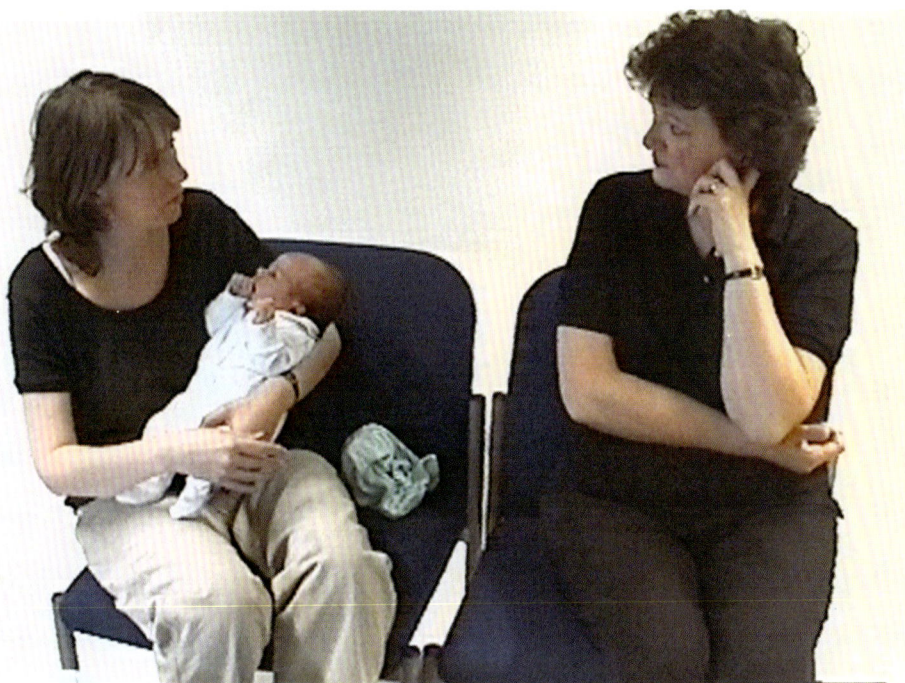

📽 照片故事

在研究中心进行气味测试

亚历山德拉，2 周

在这个测试中，婴儿躺在特制的婴儿床里。她头的两侧各固定着一个盒子，每个盒子里都放着一块软垫。其中一个充溢着自己妈妈的气味；另一个则充溢着另一位妈妈的气味（这位妈妈也有个同龄的孩子）。风扇向着两侧的软垫吹风，让气味飘进婴儿床。在测试的第 1 分钟，充溢着受试婴儿妈妈气味的软垫放在婴儿右侧的盒子里。接着，软垫的位置被调换，也就是说下一分钟充溢着妈妈气味的软垫位于她的左侧。我们用婴儿朝一边或另一边转头的时间来判断她对妈妈气味的偏爱程度。在这个测试中，13 天大的亚历山德拉在两段各 1 分钟的时间内，有 73% 的时间转向有自己妈妈气味的软垫，这一概率远远高于偏好的阈值。

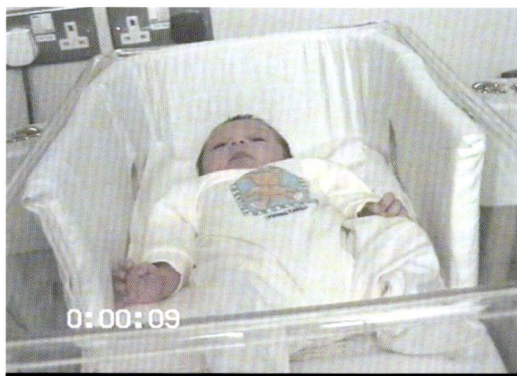

1. 亚历山德拉躺在小床里，精神饱满，位于她头部两侧的风扇同时打开。最初的几秒钟，她完全保持不动。

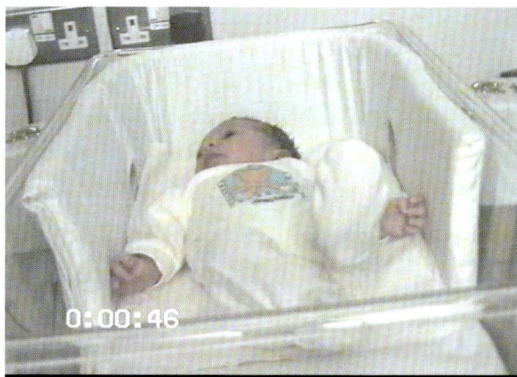

4. 直到实验的……

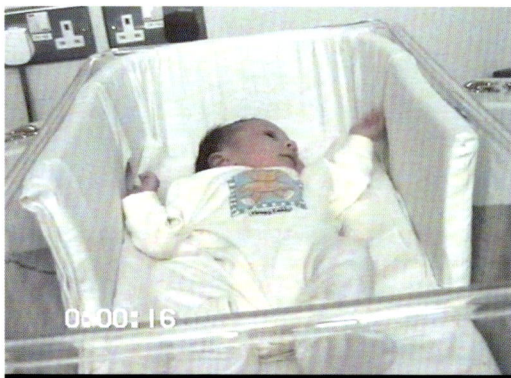

7. 然而，很快她就做出了选择，将头转向有妈妈气味的一侧，并且头部一直保持向左的姿势……

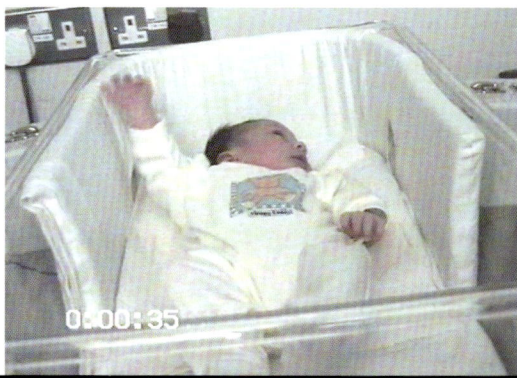

8. 剩下的所有时间几乎都是如此。

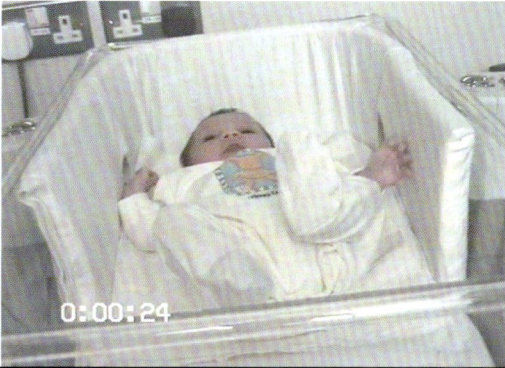

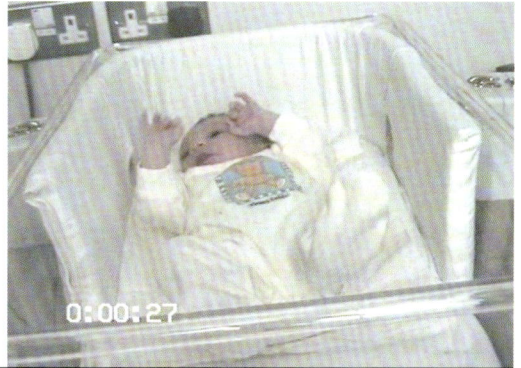

2. 过了一会儿，亚历山德拉逐渐活跃起来，但她仍然没有转向任何一边。

3. 此时，她将头转向右边，而有她妈妈气味的软垫就在那个方向。她始终保持着这个姿势……

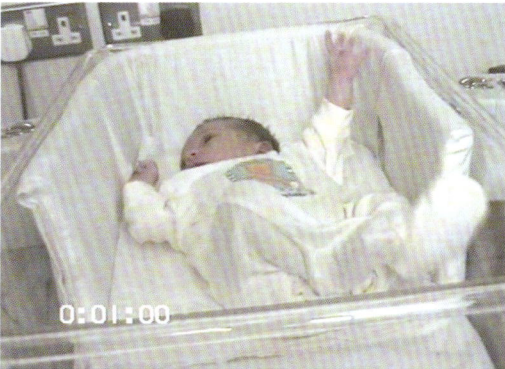

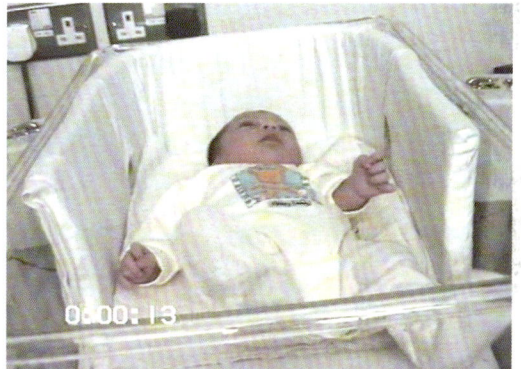

5. ……第1分钟结束。

6. 软垫的位置进行了调换，有亚历山德拉妈妈气味的软垫换到了她的左侧。跟上一分钟一样，最初的几秒钟，她没有转身。

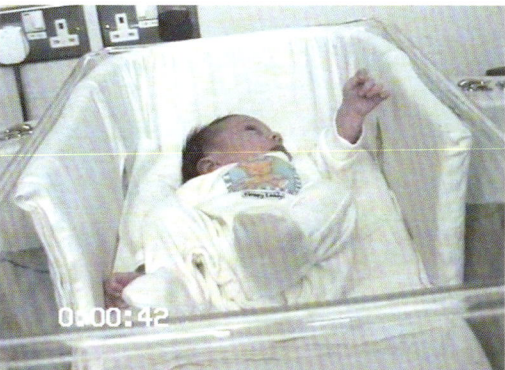

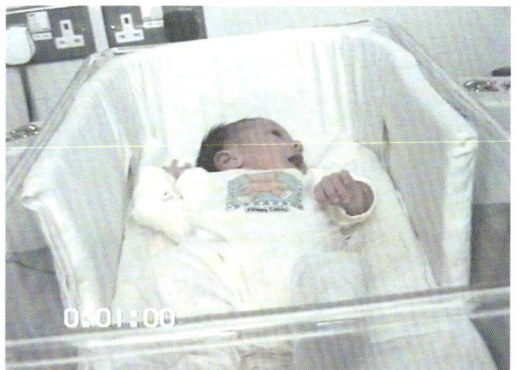

9. 面向有妈妈气味的一侧时，亚历山德拉兴奋地舞动着四肢……

10. 小嘴也动个不停。

📽 照片故事

婴儿对妈妈及陌生人的反应

埃米莉，5 周

莉斯是一位研究型的健康访视人员，她之前曾经照料过埃米莉，两人相处融洽。尽管如此，在相对陌生的莉斯怀抱里，埃米莉仍然显得不那么舒服。相比较而言，被妈妈抱着时，埃米莉则会紧紧地依偎着她。

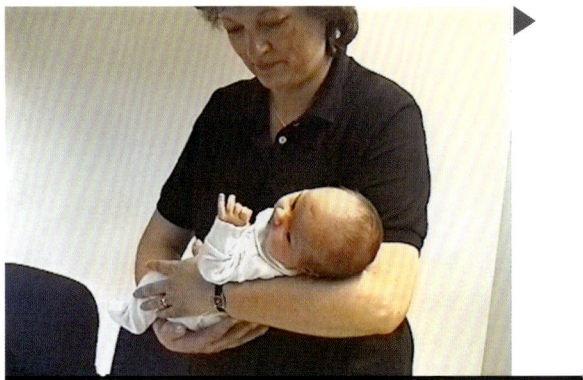

1. 莉斯抱起埃米莉，埃米莉把脸转到另一侧……

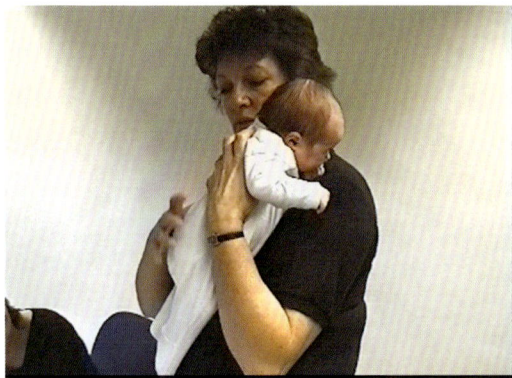

4. 莉斯试着将埃米莉举高，让她靠在自己的肩膀上，但埃米莉仍然保持着紧张且僵硬的状态。

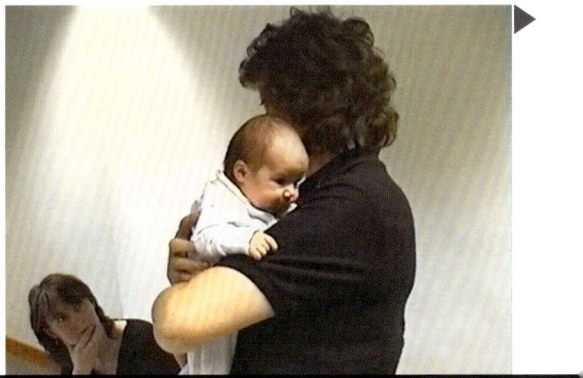

5. 莉斯轻轻晃动埃米莉，埃米莉没有抗拒，但仍然跟莉斯保持着距离。

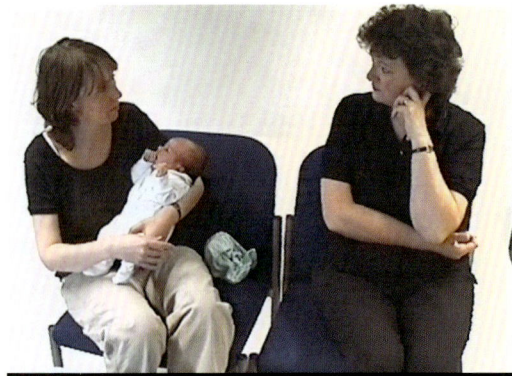

8. 埃米莉吸吮着拳头，目不转睛地望着妈妈，依偎在她怀里。

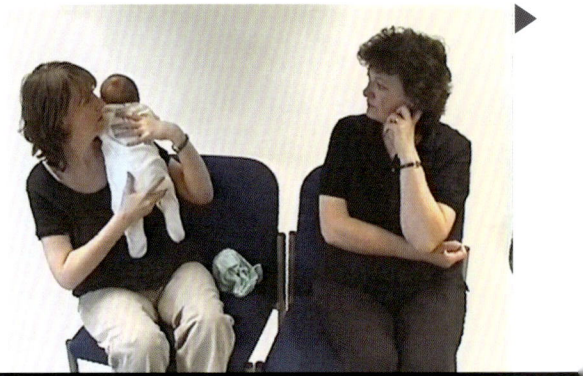

9. 西沃恩把埃米莉举高，让她靠在自己的肩膀上。

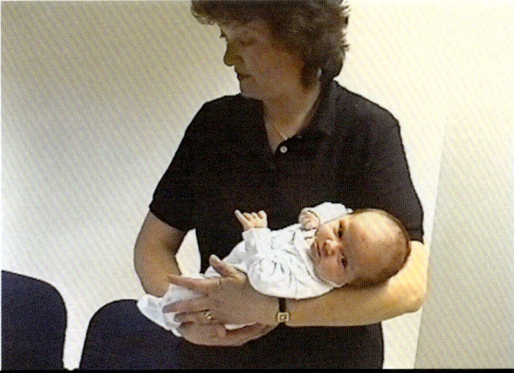

2. 看着她的妈妈西沃恩……

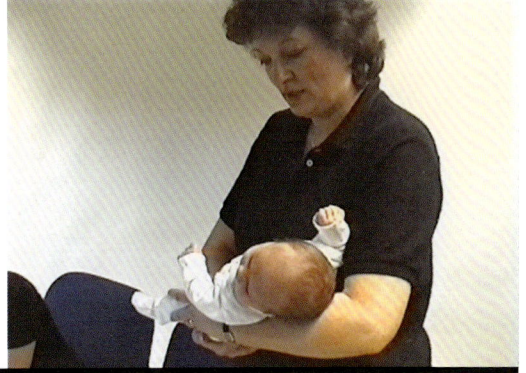

3. 莉斯试图吸引埃米莉的注意力，但她有些抗拒。

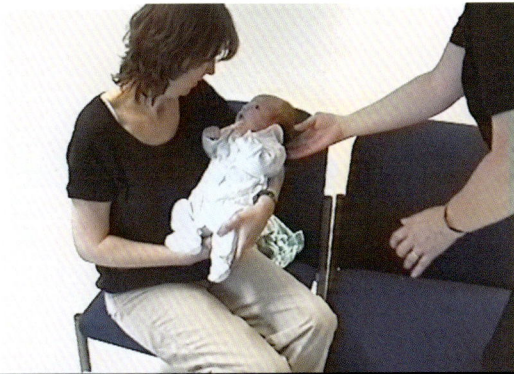

6. 莉斯把埃米莉还给西沃恩，埃米莉专注地盯着妈妈的脸。

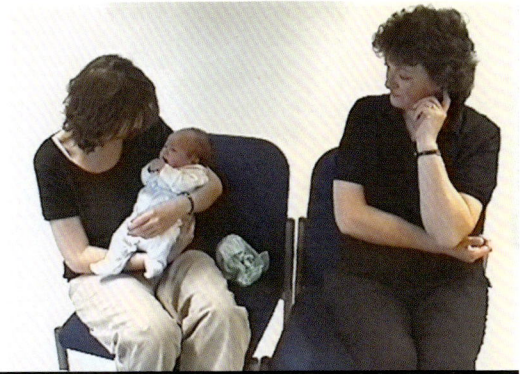

7. 埃米莉放松下来，表情也自在很多，在妈妈熟悉的怀抱里，她既没有扭动身体，也没有转过脸去。

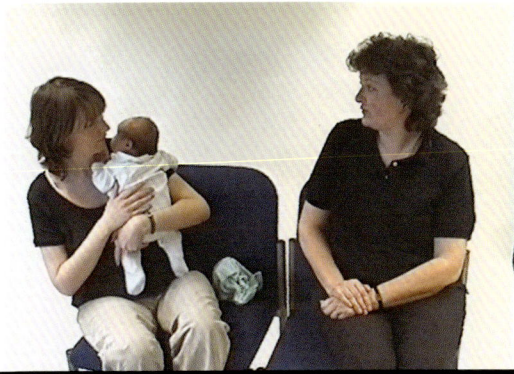

10. 埃米莉把脸转向妈妈，想要离她更近些。

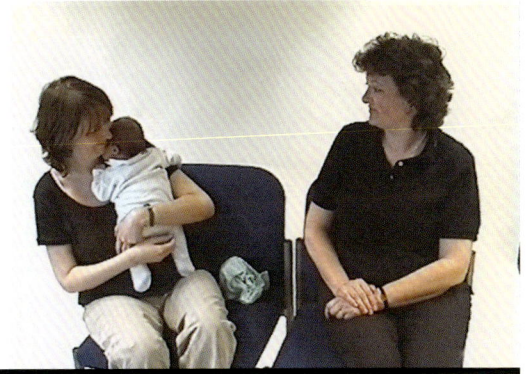

11. 埃米莉依偎着妈妈，把脸埋进妈妈的脖颈。

📽 **照片故事**

对拥抱的反应的个体差异

凯特，7周

　　虽然婴儿被父母拥抱时的反应跟被陌生人拥抱时的反应可能存在着较为明显的差异，即婴儿显然会更愿意依偎在家人身上，但情况并非都是如此，婴儿也有可能不想跟照料她的人进行密切的身体接触。其实，在婴儿出生的最初几周，他们在某方面较为明显的个体差异会对父母的体验和感受产生较大的影响，其中就包括婴儿对拥抱的反应方式。

　　有些婴儿就是如此，即便在父母的怀抱里也不会放松下来，或者依偎着父母，反倒会抗拒甚至挣扎。如果父母认为这是孩子对他们个人的反应，或者觉得这反映出他们对婴儿的照料存在不足，那么婴儿类似的举动会让他们感到沮丧，他们或许会感觉被拒绝了。然而，没有证据表明此类反应与父母对婴儿的照料有关：这只不过是不同新生儿的不同反应方式而已。遇到这种情况，家长留意婴儿其他的暗示或者来自婴儿的某些信号（比如她的目光或其他面部表情）可能会有帮助，在婴儿与父母的距离不是那么近的情况下可以观察到这些信号，同时，这些信号也展现出她面对父母时较为开心的反应方式。

1. 凯特心情很不错，但当妈妈科莱特抱起她时，她并没有依偎到最妈妈的怀里……

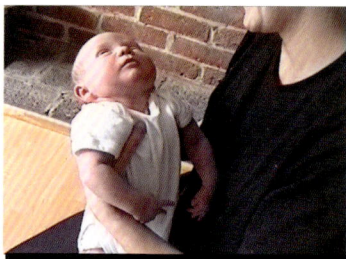

5. 科莱特把凯特扶了起来，小家伙保持着僵硬的姿势，不愿意放松下来，她的头一直向后仰着。

6. 凯特始终保持这种姿势，这使科莱特很难与她进行眼神交流。

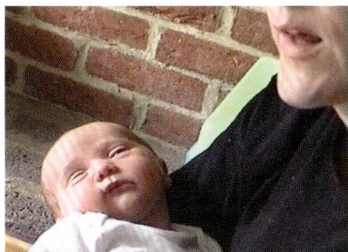

2. 反倒把头歪向一旁。

3. 凯特朝外扭动身体……

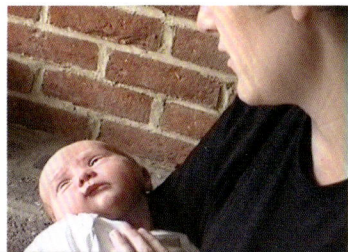

4. 但她的表情仍然平静而愉悦。

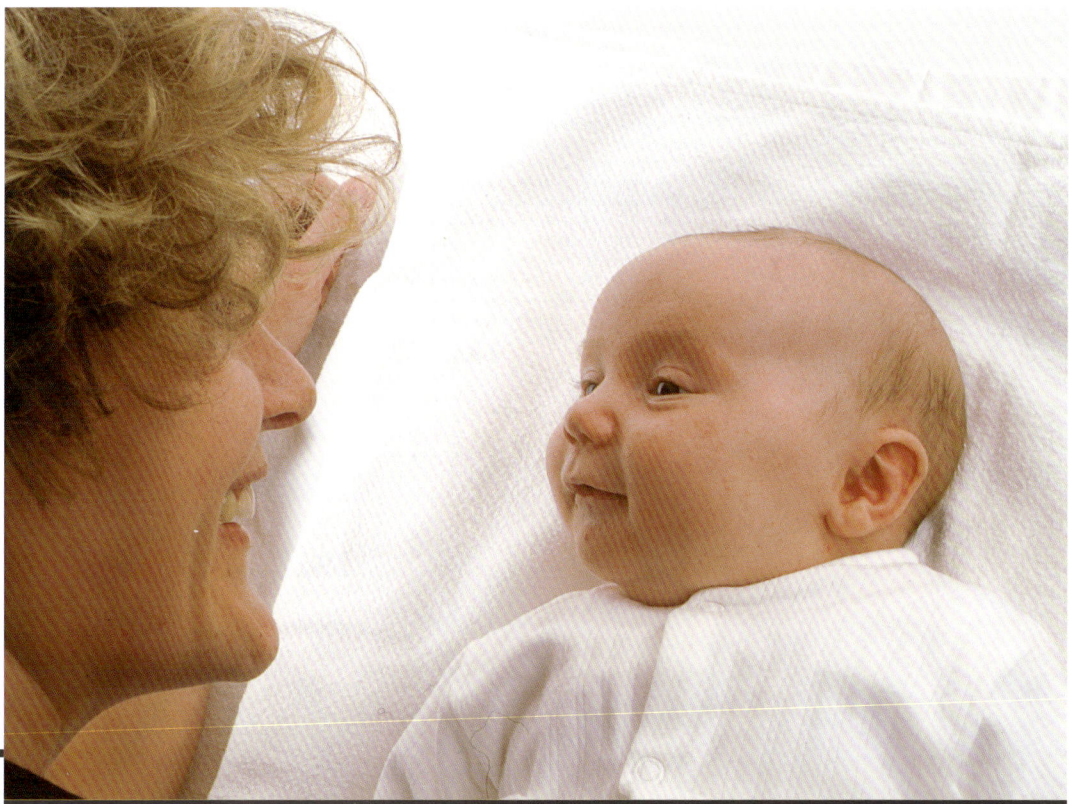

7. 科莱特将凯特放下，让她稳稳地倚在软垫上，小家伙很开心地与妈妈面对面，彼此的凝视和微笑让母女俩的亲密程度表露无遗。

与他人沟通

"来聊天吧！"

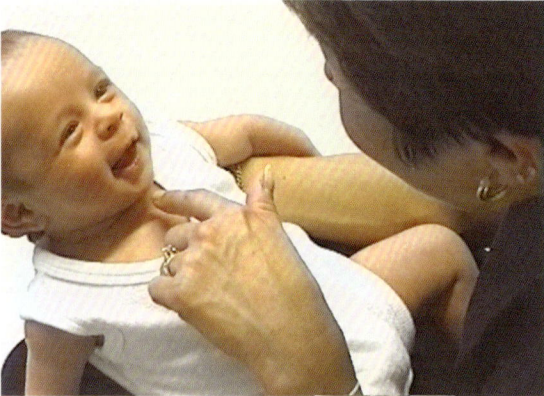

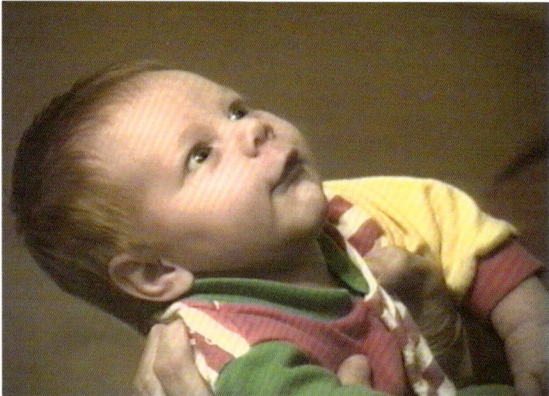

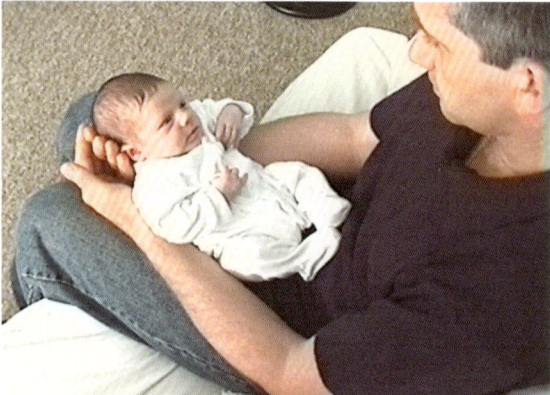

从出生起，婴儿就对其他人充满兴趣，她很快就会对熟悉的人产生偏爱。不过，婴儿并不是只想与家人和朋友亲近，她还希望和其他人分享她的感受，并和他们互动！

最初几周，婴儿与他人接触时表现得越来越活跃。家人可以帮助她享受与交流对象"聊天"的乐趣。在前3个月，婴儿看清人脸的最佳距离是22厘米（约9英寸）。在前几周，如果能够较好地支撑住婴儿的头部，有助于婴儿更好地看清对方。与其他婴儿相比，有些婴儿抬头会稍有难度，一段时间内仍然需要依靠支撑，这种情况在早产儿身上表现得尤为明显。留意婴儿的状态也很重要：如果婴儿感到困倦、饥饿或者疼痛，她显然不会愿意与人沟通。然而，如果婴儿情绪平稳，精神极佳，并且保持着舒服的姿势，她可能会非常积极地与他人互动。

最初几周，婴儿积极参与面对面交流的时间通常较为短暂，也就是说，虽然她对其他人兴趣浓厚，但长时间的"交谈"却并不常见。然而，随着周数的增加，婴儿"交谈"的兴趣将保持更长的时间，眼神交流可以持续更久，微笑变得更加舒展，甚至开始在互动中扮演更加主动的角色。

与其他人积极沟通时，婴儿的小嘴往往表现得非常灵活：她的舌头向前伸，伸出嘴外，或将下唇向外推，又或者张大嘴巴。这些突然出现的积极努力会持续几秒钟，就好像是婴儿想要说话。确实，某些科学家将婴儿这些积极的表现称为前言语[1]行为，因为虽然在最初几周这些行为极少伴随着声音，但似乎起到了言语的作用，反映出婴儿为沟通而做的努力。婴儿的肢体动作甚至可以构成其社交行为的一部分：当嘴巴的动作达到高潮，她会抬起手臂，时常张开手指，一齐指着什么。遇到这种情况，父母感觉婴儿的行为反映出其想要进行沟通的意愿时，通常会予以评论，比如会对婴儿说"你给我讲的故事真棒"。交流对象领会到婴儿的意图并予以回应，能够使婴儿的参与持续下去，长时间的双向"对话"可能就此发生，婴儿及其交流对象轮流积极发言，而另一方则扮演观众的角色。

---

[1] 创造该术语的是爱丁堡大学儿童心理学与心理生物学名誉教授科尔温·特雷沃森。

📽 照片故事

必要时，支撑婴儿的头部

麦克斯，11 周（距离原本的预产期还有 1 周）

　　长时间抬着头对某些婴儿来说很容易，但对一些婴儿来说则较难。最初几周，麦克斯这样做相当困难。虽然他乐于与人沟通，喜欢面对面玩耍，但当他保持直立坐姿时，很难控制自己的头部并保持眼神交流。在保证坐稳的前提下，他坐的椅子被稍稍倾斜，这样一来，他的头部就能得到很好的支撑。

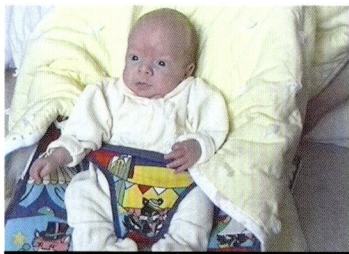

1. 麦克斯睁大眼睛，迫不及待地想要玩耍。

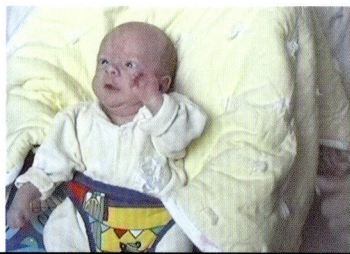

2. 他显得非常积极，手和嘴巴都动个不停。

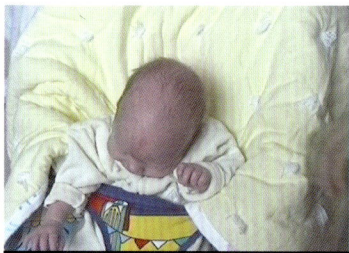

4

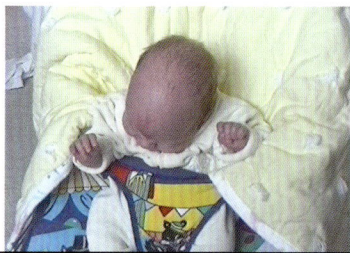

5

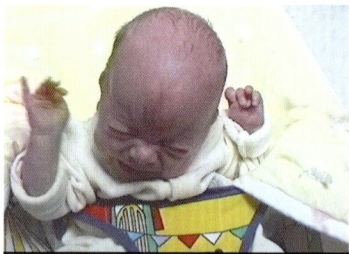

7. 他似乎很沮丧、很烦恼。

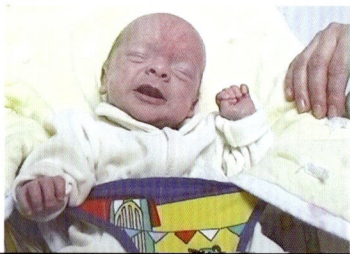

8. 椅子被向后倾斜，麦克斯的头部得到了更好的支撑……

最初几周，婴儿最喜欢的沟通方式是其他人对他们的行为和表情进行模仿。父母发现自己在不自觉地模仿婴儿，通常是非常清楚地模仿，并且以略加强调的方式，可能是使用声音乃至整张脸来予以回应，例如模仿婴儿张开嘴巴，这是对婴儿自身行为清晰而又丰富的反馈。交流对象所做出反应的情感性质往往与婴儿行为的总体性质相匹配，婴儿皱眉时他也皱眉，婴儿高兴时他也露出开心的神情。这种镜像反应在保持婴儿专注度和参与度方面特别有效。儿科专家唐纳德·温尼科特认为，模仿婴儿对婴儿的发育能够起到关键的作用，有助于婴儿建构"自我感"；他相信体验到自己的行为举动及情绪感受通过他人的行为真实地反映出来，能够使婴儿原有的体验得到肯定、变得丰富，并且更具连贯性。

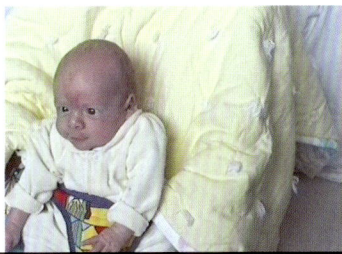

3. 当妈妈做出回应时，麦克斯心满意足地注视着妈妈，但他的头部开始向下垂……

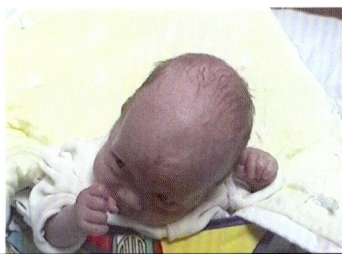

6. 他想抬起头来，恢复眼神交流，但头部对他来说有些沉……

婴儿还会注意到交流对象的反应时机：如果交流对象的反馈较为敏锐，婴儿的表情或动作完成后，交流对象在短时间内予以回应，婴儿可能会继续注视着交流对象。如果交流对象延迟几秒钟反应，婴儿可能就会丧失兴趣，似乎感觉他人的行为跟自身行为没什么关联。同样，如果婴儿尚未准备好，其交流对象就已经做出反应，或者动作太迅速、太突然，婴儿的专注程度也可能会受到影响，导致她的注意力转移到其他地方。当然，这并不意味着父母必须费尽心力，力争成为婴儿"完美"的对话伙伴，表现得像台机器，总是准确无误。因为，虽然极端的干扰确实会让婴儿感到苦恼，但普通的小偏差很快就会得到纠正，这是自然"对话"的正常组成部分，可以让婴儿体验沟通是如何恢复的。

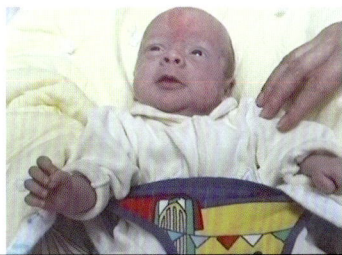

9. 他可以继续开心地玩沟通游戏了。

有时候，在进行这样"对话"的过程中婴儿会变得极其兴奋，甚至可能因为互动的强度太高而超负荷。遇到这种情况时，她可能会停下来，将目光移开，慢慢冷静下来，然后会再次恢复眼神交流，准备好进行更多的社交游戏。某些面部表情，如皱眉头、出怪样、打哈欠，甚至是漾奶（详见第94页），这些微妙的迹象都说明婴儿或许累了，想暂时停止"刺激"的社交游戏。婴儿也可能出现更加明显的中断迹象，比如变得专注于自我，或拱起后背扭过身去。当婴儿需要时间休息或者对"谈话"的兴趣逐渐减弱时，父母应该尊重其选择，这样做有助于防止她出现不安甚至烦躁的情绪。

📽️ **照片故事**

婴儿主动交流示例 1

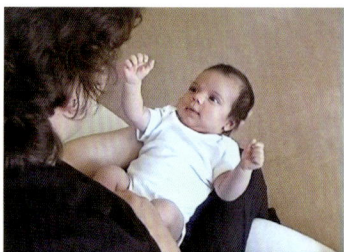
1

娜塔莎，3 周

娜塔莎只有 3 周大，她通过面部表情、嘴巴以及舌头的活动来交流的能力仍然很有限。然而，她朝妈妈伸出手并做各种手势，着迷地望着妈妈的脸，手和胳膊的动作都充分展现出她的兴趣和热情。

婴儿主动交流示例 2

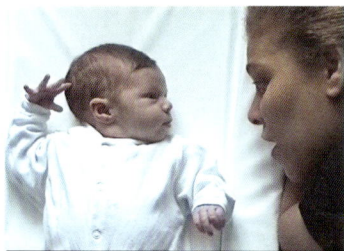
1

扎克，5 周

只有几周大的婴儿若情绪平稳、精神极佳，且头部得到较好的支撑，通常会对跟契合的伙伴进行类似"对话"的活动表现出十分积极的样子。婴儿通过丰富的面部表情、舌头的活动以及口型进行沟通，通常还伴随着手和胳膊的动作。婴儿在最初几周通常不会发出声音，人们称这种行为为前言语，因为它似乎跟成年人交谈时用的言语的功能相同。事实上，父母经常会做出反馈——比如会说"今天你给我讲了好多呀"——来回应这种表达方式。

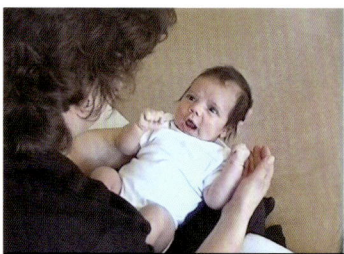
5

通过右侧的照片，我们看到扎克完全沉浸在和莉斯的交流中。起初，他专注地望着莉斯，很快就开始变得主动起来。他做出各种口型，舌头也非常灵活，有时候在嘴里活动，有时候则伸出来。他时不时举起手臂，在手臂挥到最高点时伸出食指，好像在发表特别重要的言论！这些举动正是言语出现之前人类最基本的沟通方式。

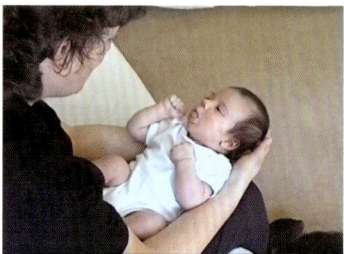
9

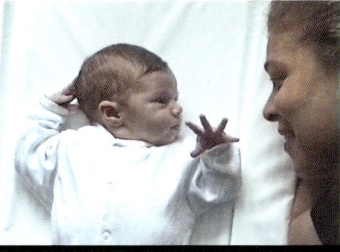 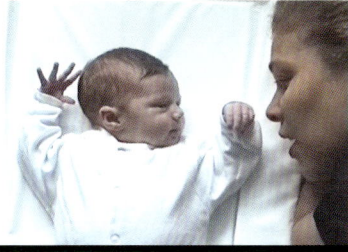 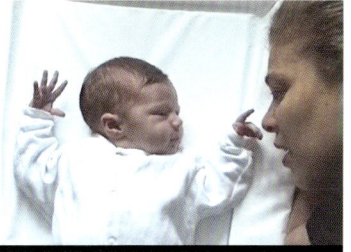

2　　　　　　　　3　　　　　　　　4

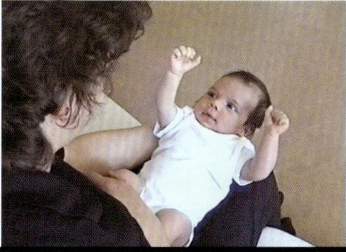  

2　　　　　　　　3　　　　　　　　4

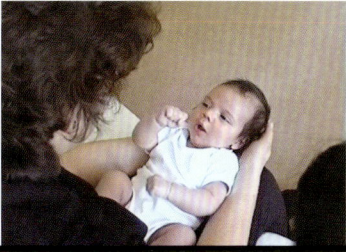 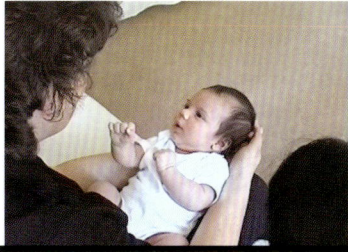 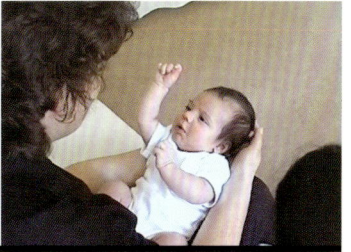

6　　　　　　　　7　　　　　　　　8

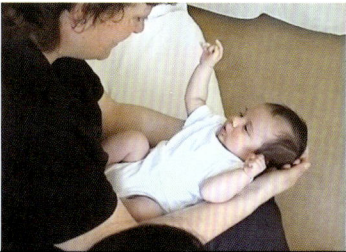 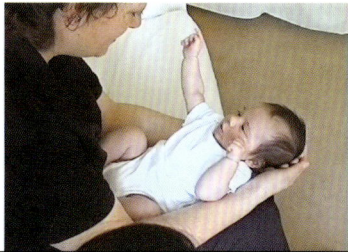

10　　　　　　　　11

📽 照片故事

模仿

威廉，8 周

在婴儿出生后的第 2 个月及第 3 个月，跟她面对面玩耍就像表演二重唱，在这个特殊的阶段，父母若留意到婴儿主动发起的交流，往往会在无意识的情况下对婴儿最初的交流行为予以模仿、培养乃至发展。玩耍是亲密的举动，除了参与双方的感受和表达，其他都不重要。父母的模仿直接表达了他们对婴儿的赞许，这对婴儿的体验能够起到肯定和丰富的作用。

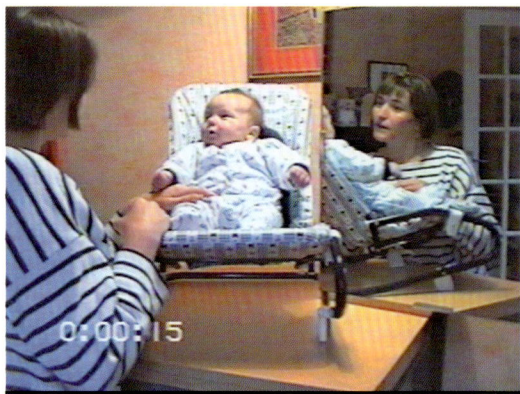

1. 威廉跟妈妈海伦做手势以及跟她"交谈"时，妈妈很专注地听着。

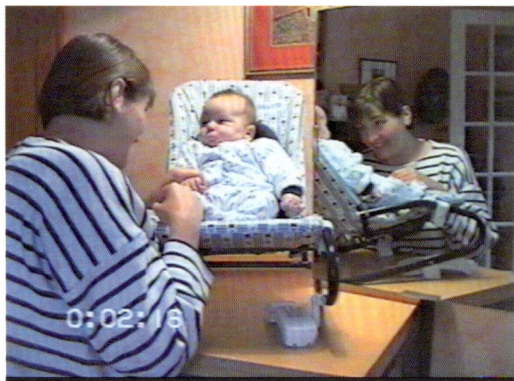

4

5. 威廉主动张大嘴巴，伸展着手臂，海伦则密切关注着他的表情变化。

8. 威廉已经开始做前言语的舌头动作，海伦全神贯注地观察着他的举动。

9. 在交流过程中，威廉的表情变得更加丰富，海伦的情绪也随之变化。

为了用摄像机捕捉照片中的瞬间，我们在威廉旁边放了一面镜子。

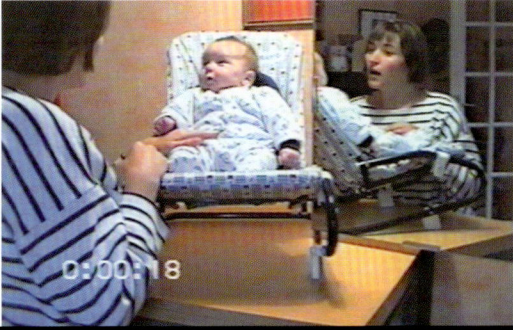

2. 她的表现说明她非常认真地对待威廉所"说"的一切。

3. 当威廉变得活跃起来，又是做手势又是轻声呢喃时，海伦也随着他的动作而仰头、挑眉毛、张大嘴巴。

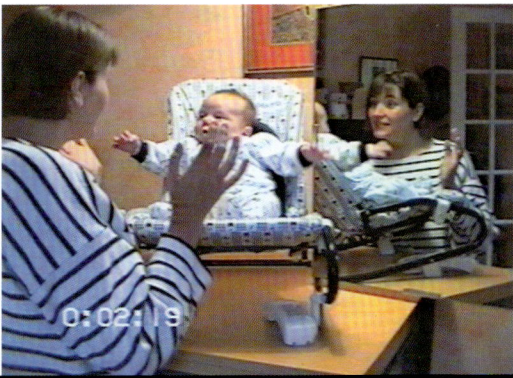

6. 然后跟着他做手势。

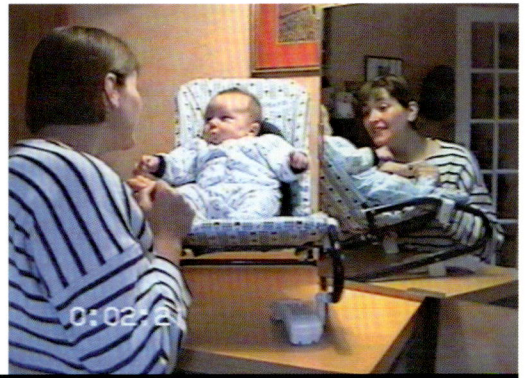

7. 他们的手臂同时变得放松，两人都停了下来。

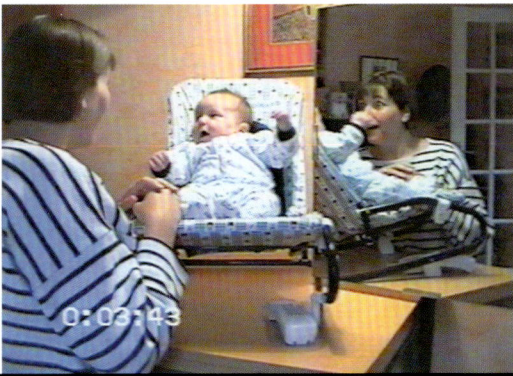

10. 海伦的表情逐渐变得生动，为的是掌控好时间以配合威廉为沟通所做的努力，并一起达到沟通的巅峰。

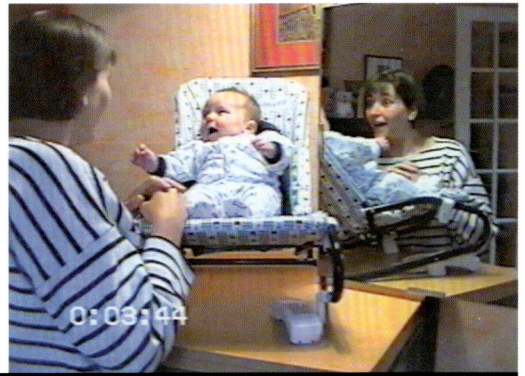

11. 他们共享和谐带来的愉悦。

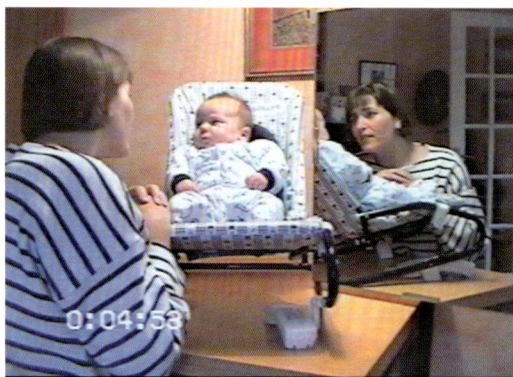

12. 威廉的表情突然变得严肃，海伦疑惑地看着他。

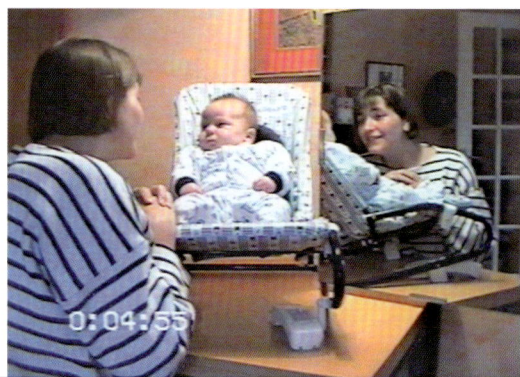

13. 海伦柔声鼓励他，并表示接纳他的感受。

16. 几秒钟后，威廉脸上露出喜色，海伦紧跟威廉的情绪变化露出微笑。

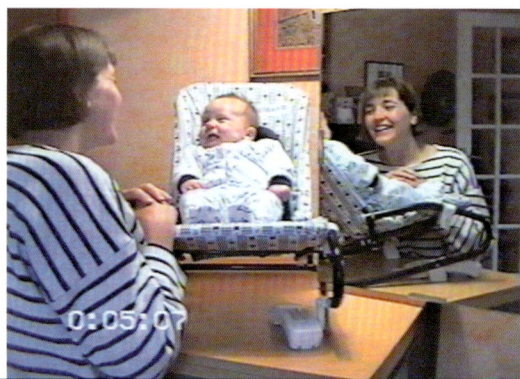

17. 威廉对交谈的兴致变得越来越浓厚，海伦的笑容也变得越来越灿烂……

20. 现在，他们已经面对面玩了几分钟时间，最后一个阶段即将开始。海伦邀请威廉一起玩，威廉望着妈妈。

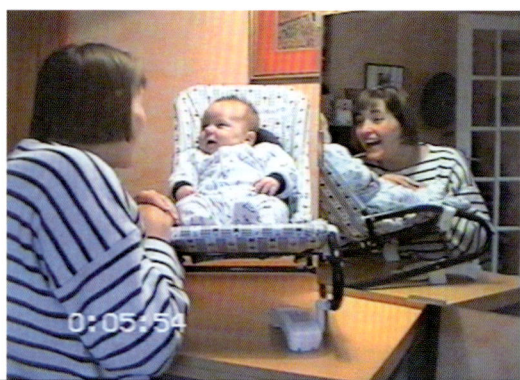

21. 威廉做出回应，微笑着，嘴巴动着，海伦继续给予他鼓励。

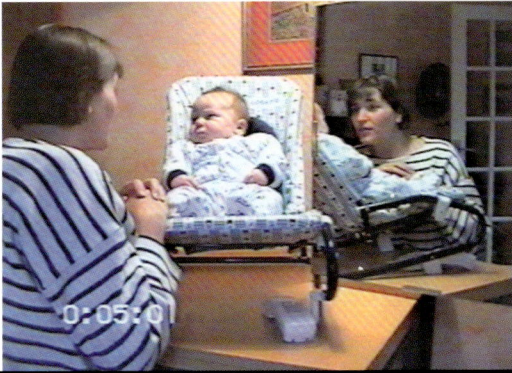

14. 威廉的眉头皱得更紧了，海伦露出跟他一样严肃的表情。

15. 当威廉的嘴巴又开始动个不停，似乎是在告诉海伦出了什么问题时，她用心听着。

18. 当快乐的情绪达到高潮时，两人都微微扭过头，暂时将视线从对方身上移开……

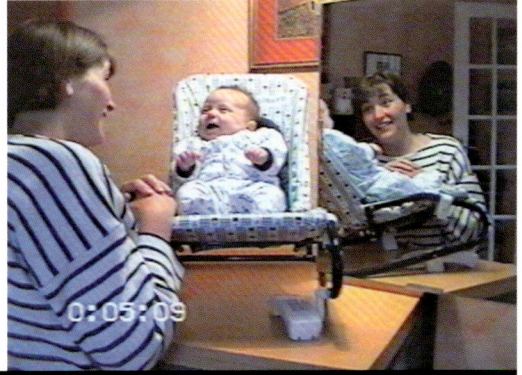

19. 然后，他们再次恢复眼神交流，两人的脸上都挂着开心的笑容。

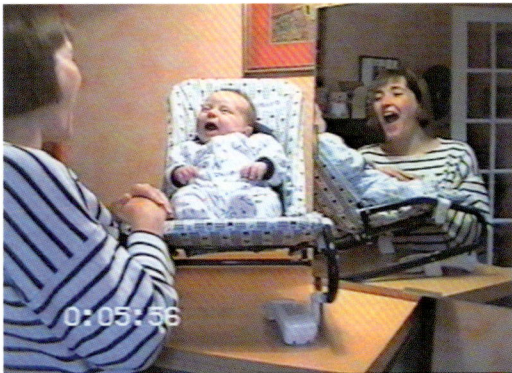

22. 母子共享最快乐的时刻……

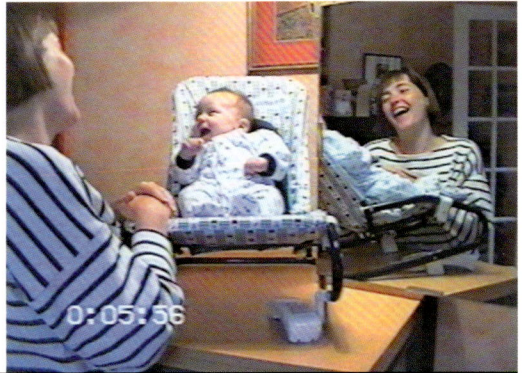

23. 一次令人满意的玩耍过后，两人都放松下来。

📽 照片故事

婴儿不喜欢侵入式社交

伊莎贝尔，1周

婴儿对其交流对象的交流方式极其敏感。如果对方突然做出反应，或者婴儿自己尚未做好准备，婴儿的参与程度可能会受到影响，甚至会导致她中断沟通。

1. 伊莎贝尔出生只有1周。但她精神饱满，心情极佳，头部也得到了很好的支撑，她已经做好了与莉斯进行她生命中首次社交互动的准备。

5. 她皱着眉头，露出奇怪的表情……

婴儿累了的信号

亚历山德拉，2周半

婴儿经常将大量精力投入社交互动中，但在某个时间点，他们可能会感觉疲惫。除了打哈欠、皱眉头和出怪样，婴儿把脸扭向一边也说明她可能需要休息。

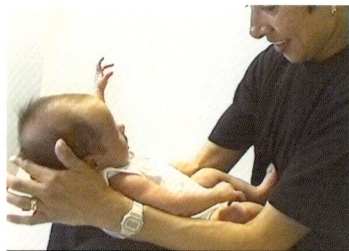

1. 亚历山德拉比画着，开心地跟妈妈希琳"聊"了很长一段时间……

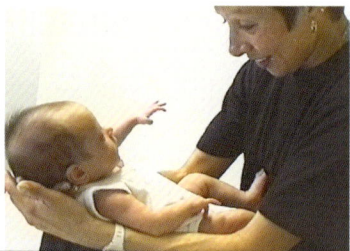

2. 她的舌头和嘴巴也积极地活动着。

2. 伊莎贝尔专注地看着莉斯的脸，张开嘴巴，动了动舌头。对伊莎贝尔来说，两人的脸的距离正好合适。

3. 当伊莎贝尔仍在积极交流时，莉斯的脸开始向她靠近。

4. 莉斯的脸不断向伊莎贝尔靠近，她们之间的距离对伊莎贝尔来说太近了，伊莎贝尔的表情发生了变化，变得更加严肃……

6. 然后伊莎贝尔扭过头去，闭上了眼睛。

7. 莉斯继续尝试与她互动，但伊莎贝尔的头坚定地扭向一旁，双眼紧闭。再想跟她玩游戏只能换个时间了。

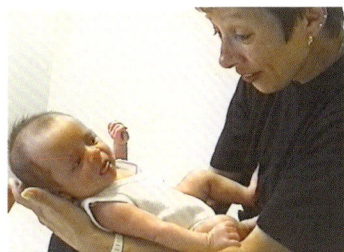

3. 希琳跟她说话时，亚历山德拉仍然动着舌头，这表明她愿意继续交流。但她同时也发出了希望减少接触的信号，她稍稍将头转向一边，用眼角的余光瞟着希琳。

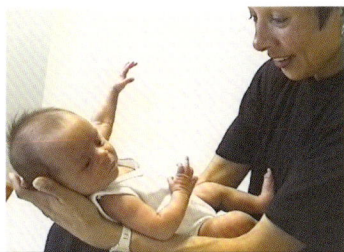

4. 现在，亚历山德拉完全把视线移开了。希琳很重视女儿发出的信号，因此在女儿休息时，希琳只是静静地望着她。

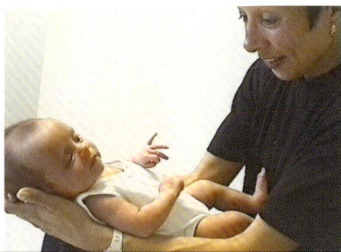

5. 现在，亚历山德拉恢复了精力，又能够进行社交互动了，前提是互动带来的消耗不能太大。

📽 照片故事

婴儿的日常社交活动：中断和建立联系

亚历山德拉，7 周

交流对象会对婴儿的表情及动作做出怎样的反应，婴儿对此极其敏感，但这样的交流并不一定要机械地追求完美。小的意外会导致交流暂时中断，这样的过程对于婴儿而言实属正常。只要不是在互动中占主导地位，这种交流的短暂中断及恢复恰恰给了婴儿机会，帮助她发展掌控刺激大量涌入的能力。这种情况的出现通常是由于充满热忱的哥哥姐姐们被婴儿出色的能力所吸引，他们非常渴望能够与婴儿进行交流。

亚历山德拉的哥哥汤姆收集了不少音乐玩具，他希望亚历山德拉会喜欢这些玩具。现在，他把铃铛放进她手里。几个星期以来，亚历山德拉有机会熟悉哥哥姐姐们活力十足的玩耍方式。

1. 亚历山德拉躺在那里，望着哥哥汤姆。她的表情、动来动去的嘴巴以及踢个不停的双腿表明她已经准备好玩耍了。

4. 然后就转过脸去。汤姆对妹妹的行为变化很敏感，他暂停了主动与她交流的尝试……

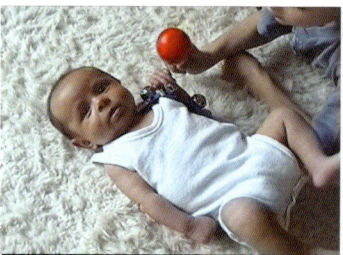

7. 亚历山德拉仍然把脸扭向一边，似乎打算停止交流。汤姆认为另一种声音可能会吸引妹妹的注意力，于是摇起了沙槌。

2. 汤姆热切地回应了亚历山德拉的"邀请"，当他俯下身跟她说话时，亚历山德拉大张着嘴巴，双腿也踢得更加有力了。

3. 汤姆很想跟妹妹交流，他热情高涨，做了个吐舌头的动作，因为他以前看到亚历山德拉跟别人沟通时喜欢吐舌头。他的回应十分热切，但是亚历山德拉还没完全准备好，接下来，她停止了动作，表情也变得沮丧……

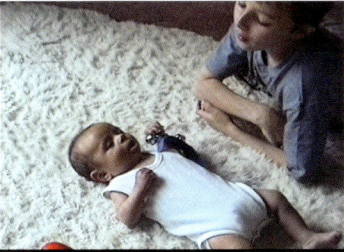

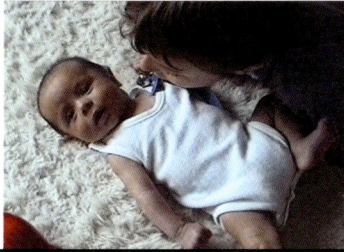

5. ……稍稍往后退了退。他这么做的时候，亚历山德拉扭回头看了看，哥哥目前的举动让她更能接受。

6. 但对于汤姆的再次接近，她还没有做好准备。

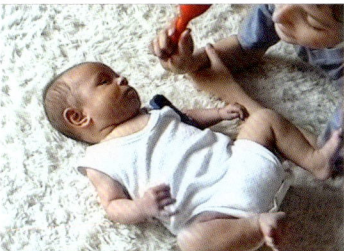

8. 新的声音引起了亚历山德拉的注意，她转过头来，当她注意到哥哥正在做什么时，铃铛从她手中落了下来。

9. 成功地吸引了妹妹的注意让汤姆很开心，他跟妹妹一起倾听沙槌的声音。

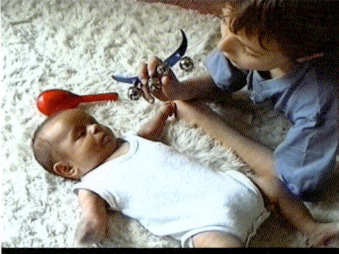

10. 现在，汤姆改变了策略，他突然想到可以和亚历山德拉合奏。汤姆摆弄铃铛的时候，亚历山德拉一直看着哥哥。

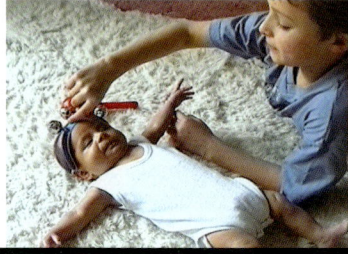

11. 在额头上套铃铛对亚历山德拉来说是相当大的困扰，但亚历山德拉很强壮，虽然她吃了一惊，也稍稍皱了皱眉头，但她并没有因此感到不安。

12. 亚历山德拉继续忍受着头上的铃铛，尽管手臂的动作表明她有些不快，但她的眉头渐渐舒展开来。

16. 他帮助亚历山德拉握住另一个铃铛的手柄。亚历山德拉注视着哥哥的一举一动，情绪依然稳定。

17. 亚历山德拉几乎没怎么注意到这个新乐器，只是聚精会神地盯着哥哥的脸。

18. 她又伸出了舌头，准备开始交流。

19. 汤姆非常享受这次有趣的交流……

20. 他忍不住俯身亲了妹妹一下。

21. 这对亚历山德拉来说有些过头了，她扭过了头，非常明确地表明了自己的立场。汤姆尝试摸她的脸蛋，但却没能得到回应。

13. 汤姆再次摇晃沙槌的时候，她也能够参与其中。

14. 这时，铃铛从她的前额滑落，这说明亚历山德拉在这次合奏中所扮演的角色有些问题，但她始终保持平静，没哭没闹。

15. 汤姆决定换一种乐器。

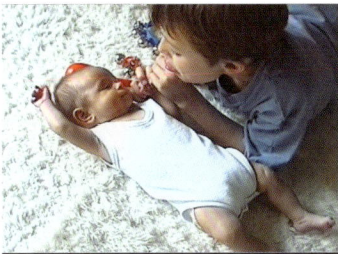

22. 最终，亚历山德拉再次做好了回应的准备，当汤姆尝试通过玩吐舌头游戏来引起她的注意时，她活力满满地转向汤姆。

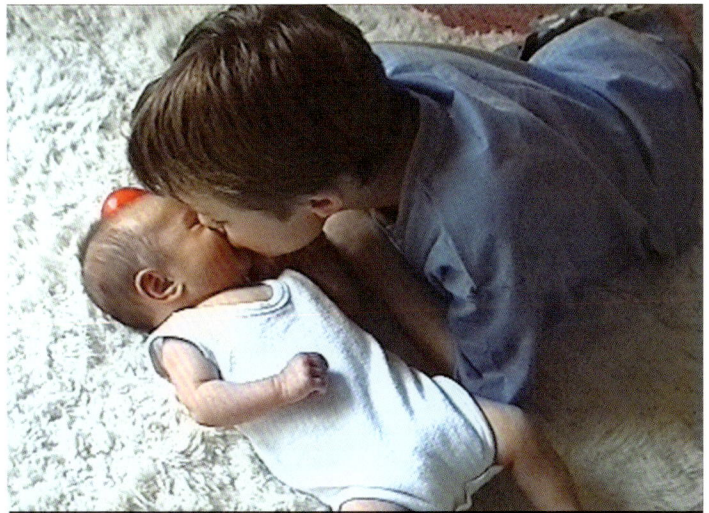

23. 这一次，汤姆亲吻妹妹的时机把握得很棒，因为亚历山德拉仍然处在快活参与的状态。

建立固定的游戏习惯

"让我们再玩一次那个游戏吧！"

面对面的互动会在几周内反复进行，互动过程中那些似乎能让婴儿特别开心的事情常常会呈现出例行常规的性质，并且这种常规是能让婴儿享受其中且跟他人分享的。这样一来，在婴儿出生后第3个月的末段，婴儿的父母以及其他与婴儿关系密切的人可能都清楚，每当跟孩子玩社交游戏到了高潮到来时，某些因素大概可以保证让她露出微笑。常见的例子是身体游戏，比如"绕着花园转啊转"的游戏，甚至是非常简单的动作，如交流对象的脸慢慢靠近并触碰婴儿的小肚子。这种游戏或许有个温柔的开端，婴儿认真地看着玩伴的脸，然后玩伴逐渐帮助婴儿建立起期待的感觉，全程吸引婴儿关注并观察其准备情况，在即将共同分享情感的巅峰时，用声音以及面部表情，甚至睁大眼睛让婴儿清楚最终的高潮即将降临。通过这样的方式，面对面的互动有了质的飞跃，从简单地关注婴儿潜在的感觉或想法，发展到拥有明确的结构和主题。

在婴儿出生后第3个月的末段，随着她的视野逐渐扩大，游戏的结构也在发生着变化。此前，婴儿能够清晰聚焦的距离比较近，大约从第3个月开始，婴儿的视觉系统发育发生了变化，她开始能够聚焦远处的事物。例如，婴儿的注意力可能会被一些自己够不着的有趣玩具吸引。现在，她想要玩的不再局限于面对面的游戏，她可能转过脸去不看爸爸妈妈，反倒表现出对玩具的强烈兴趣。当父母根据婴儿的暗示去拿玩具，另一种不同的游戏就会发生。玩这种游戏时，爸爸妈妈可以根据婴儿对玩具感兴趣的程度以及开心的程度，来吸引她的注意力。接下来的几周，婴儿或许都无法有效完成伸手抓握的动作，但她仍然喜欢拍打物体，喜欢在父母操纵玩具时观看玩具的有趣变化。

玩新的身体游戏时，比如"绕着花园转啊转"游戏，或者利用玩具或其他物体玩固定的游戏时，婴儿会很快掌握游戏的流程。经过多次预演，婴儿会对游戏逐渐熟悉，甚至会做出预判，父母会发现后续的许多乐趣源于游戏中那些不确定因素或者惊喜，如高潮的时间掌控，而不是简单地完全按照之前的顺序重复游戏流程。婴儿天生擅长解决问题，热衷于搞清楚规则是怎样的，然后弄明白如何在保证安全玩耍的条件下打破这些规则！

到这个阶段，婴儿日常护理的其他程序也会得到完善，比如父母给婴儿换尿片或喂奶的方式。当婴儿的世界变得更容易预测时，她将能够感觉到接下来会发生什么事，比如在每天准备给她喂奶的时刻，她可能会因期待而露出兴奋的表情。这种对即将发生的事情的期待，也能够帮助婴儿学会忍受等待的时光，这在此前显然是不可能实现的。通过诸如此类的微小途径，常规活动逐日重复，婴儿将更加熟悉且能够对周遭的世界进行预判，从而平稳地融入家庭的特殊文化环境中。

📽 照片故事

开始玩固定的游戏

卡特里奥娜，11 周

　　卡特里奥娜将近 3 个月大了。几星期以来，她已经习惯了和妈妈蕾切尔一起玩游戏，最近，卡特里奥娜开始对一些固定程序产生兴趣。这些固定程序包括蕾切尔将手指或者脸慢慢靠近她，从而营造出高潮，例如蕾切尔搔她的胳膊下面、碰她的鼻子或者搔她的下巴颏。

　　对这么大的婴儿来说，社交活动不只是双方分享彼此的感受和经验，更涉及与以往不同的主题，此时的社交活动"跟某些事情有关"。

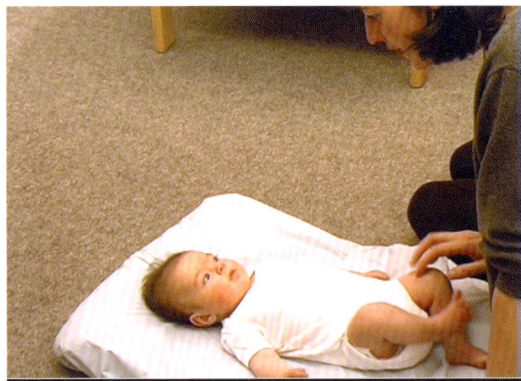

1. 蕾切尔发出信号，预示游戏即将开始，卡特里奥娜目不转睛地望着妈妈。

4. 两人共同期待着最后时刻的来临……

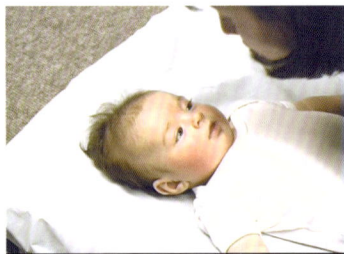

1. 另一套熟悉的程序开始了，她们要玩的是"靠过来挠痒痒"游戏，卡特里奥娜露出微笑。

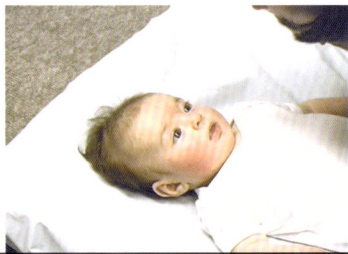

2. 看到妈妈已经做好靠近的准备，卡特里奥娜慢慢瞪大眼睛。

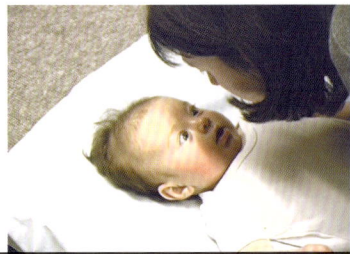

3. 妈妈越靠越近，卡特里奥娜也越来越兴奋。

2. 卡特里奥娜对这套程序非常熟悉，当蕾切尔的手指开始顺着她的腿向上移动时，她变得兴奋起来，张开嘴巴，睁大眼睛。

3. 蕾切尔的手指不断往上移动，卡特里奥娜的喜悦和兴奋也逐渐增强，她两眼紧紧盯着妈妈的脸。

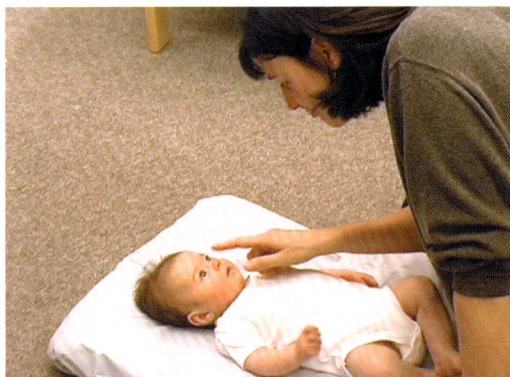

5. 接着，卡特里奥娜一动不动，等待游戏高潮的到来……

6. 现在，游戏高潮已过，可以放松下来了。

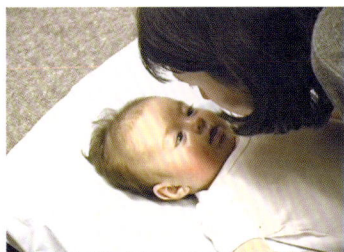

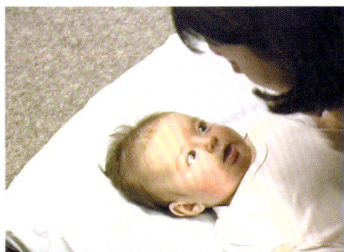

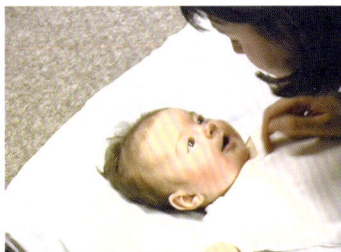

4. 在触碰将要完成之前，母女俩分享着彼此的喜悦。

5. 卡特里奥娜的兴奋程度再次提升，她已经准备好迎接游戏的高潮，母女俩都知道游戏高潮即将到来……

6. 那就是搔卡特里奥娜的下巴颏！

📽 照片故事

主题游戏："咕咕"和 "噗噗"

伊桑，11 周

　　到了 3 个月左右，婴儿可以玩的面对面游戏往往会耗费较多的体力和精力，也会让婴儿更加兴奋。他们通常会选一个主题来玩，包括闹着玩，即双方随意发挥并观察对方的反应。最近，伊桑特别喜欢和朱莉玩两种游戏，那就是"咕咕"和"噗噗"。玩"咕咕"游戏的时候，伊桑更加主动，他喜欢用最大音量喊出这个词，然后去看妈妈的反应。而玩"噗噗"游戏的时候，是由朱莉负责表演，伊桑则满心期待地看着妈妈，并跟她共享游戏的高潮。

1. 伊桑开始发出"咕咕"的声音，朱莉聚精会神地望着他。

4. 现在轮到朱莉了。伊桑看着妈妈，他知道妈妈已经做好准备——啊……

5. ……"p"……

8. 又轮到伊桑对朱莉发出"咕咕"的声音……

9. 接着是毫无顾忌的大笑。

为了用摄像机捕捉精彩的瞬间，我们在伊桑旁边放了一面镜子。

2. 伊桑的喊声很响亮，完全朝向朱莉，朱莉则表现出非常激动的样子。

3. 伊桑似乎觉得自己的表演有趣极了！

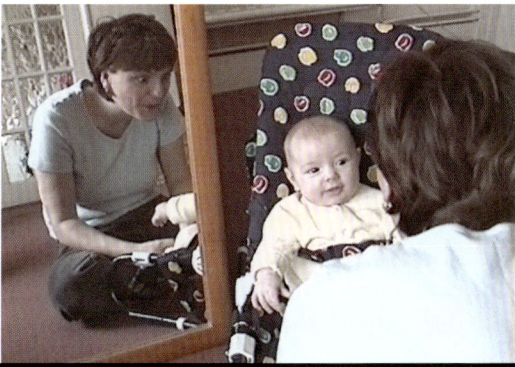

6. ……噗！……

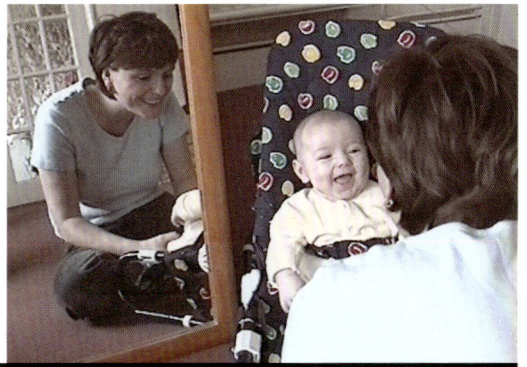

7. 伊桑当然也会及时表达出对妈妈的赞赏——跟妈妈一起哈哈大笑。

10. 现在，轮到朱莉对伊桑发出"噗噗"声。虽然伊桑一直感觉这个游戏很有趣……

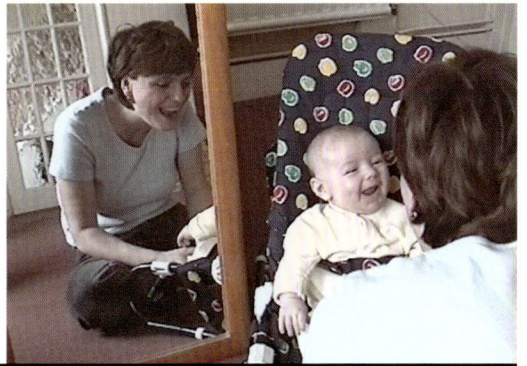

11. ……但当朱莉露出笑容的时候，小家伙表现得更加开心。

主题游戏："动动手指挠痒痒"

伊桑，11 周
（为了用摄像机捕捉精彩的瞬间，我们在伊桑旁边放了一面镜子。）

除了像"咕咕"和"噗噗"这样简单的游戏，3 个月左右的婴儿玩的游戏可能更加复杂，并且包括多个不同的步骤。一般来说，这些游戏会设置一些准备步骤，激动的情绪会逐步累积，直到最后游戏高潮的到来。常见的例子是用手指搔痒的游戏，像"绕着花园转啊转"或者"这只小猪仔"这样的游戏。随着婴儿对这些游戏的熟悉程度的提升，她会积极参与其中，期待每一步的进行，并与玩伴共享游戏高潮带来的喜悦。时机的掌控决定一切，当游戏的每个步骤都跟婴儿的注意力及参与程度相契合，游戏就会达到最佳效果。在这个游戏中，朱莉只是用手指顺着伊桑的肚子往上移动，然后搔了搔他的下巴颏。

3. 朱莉的手指按照他们熟悉的路线顺着伊桑的肚子向上移动，伊桑密切留意着她的表情。

6. 最后的时刻到来时，伊桑甚至兴奋地扭动起来。

1. 朱莉示意伊桑要开始玩熟悉的手指游戏，她想看看伊桑是否记得这个游戏。伊桑在朱莉面前露出欣喜的神情，这表明他精力高度集中。

2. 朱莉双眼向下看，把手放到合适的位置，伊桑睁大双眼，双臂兴奋地挥舞着，期待着他最喜爱的游戏。

4. 伊桑仍然注视着朱莉，随着游戏高潮的临近，他紧张地期待着。

5. 要开始挠痒痒的时候，他禁不住露出笑容……

7. 当妈妈停止挠痒，伊桑迅速转变角色，他不再是游戏的接受者，而是积极地表达着自己的欣赏。

8. 他对妈妈咿咿呀呀地说着，好像是在为他们收获的快乐欢呼。

📽 照片故事

每种交流都要选对时间和地点

科迪，7周

想要吸引婴儿的注意力并不总是那么容易，对于那些与婴儿偶尔交流的人来说尤其如此，或者说，与年幼的孩童相处就是如此，他们的热情和不成熟往往占据上风。

科迪只有7周大，他还没有开始领会结构化游戏。然而，他的姐姐埃莉决定试着跟他玩"绕着花园转啊转"游戏。但科迪更喜欢玩面对面游戏，因此他无视姐姐的努力，只想引起妈妈的注意。

科迪的妈妈贝琪善解人意地进行了调整，让一双儿女能够完成令彼此满意的交流，埃莉因弟弟的积极反应而感到激动不已。

1. 当姐姐埃莉拉着科迪的手开始玩"绕着花园转啊转"游戏时，科迪却显得闷闷不乐。

2. 埃莉的努力是徒劳的，科迪始终无视她，反倒转脸看向妈妈……

6. 妈妈贝琪明白埃莉很想跟弟弟一起玩，于是她调整了科迪的位置，这样一来，两个孩子就能够更好地交流了。

7. 做出调整后，科迪对姐姐做出了回应：他盯着埃莉，嘟起嘴巴，咿咿呀呀地说着话。

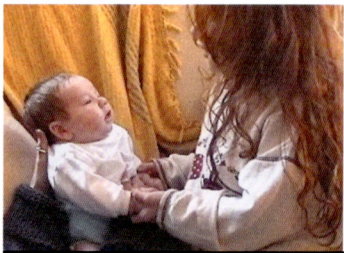

9. 他看起来精神很好，也很投入。

10. 现在轮到埃莉说话了，科迪注视了姐姐一会儿……

3. 即便游戏仍在进行……

4. ……达到高潮。

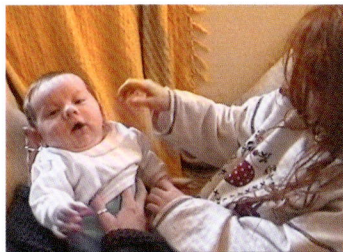

5. 科迪更喜欢和其他人玩面对面游戏，他想和妈妈交流，因此积极地动着嘴巴，打着手势。

8. 科迪继续尝试主动跟姐姐沟通，他的舌头非常灵活。

11. 接着科迪再次恢复主动，继续他前言语阶段的咿咿呀呀。

12. 游戏结束了，科迪和埃莉都转脸看着妈妈，埃莉为她和弟弟取得的成功感到骄傲。

📽 照片故事

"我要把你吞掉！"

科迪，4个月

现在，科迪又长大了几周，更加能够胜任身体游戏了。他和妈妈贝琪围绕着"我要把你吞掉"这一主题，形成了一系列固定的游戏模式。

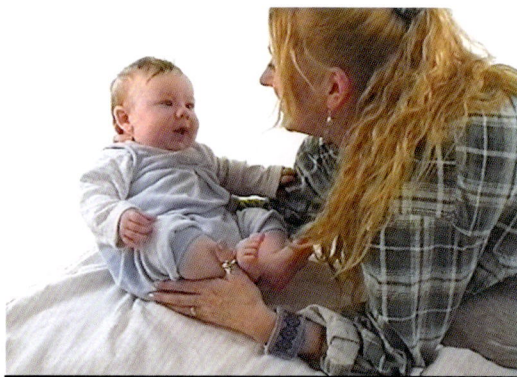

1. 贝琪观察科迪的状态，发现儿子已经做好了玩游戏的准备。

4. ⋯⋯游戏高潮的到来。

5. 然后跟妈妈一起在笑声中放松下来。

8. 科迪脑袋向后仰，期待着，然后⋯⋯

9. ⋯⋯屏住呼吸等待。

2. 当她张开嘴巴低头探向科迪的脚丫时，科迪认出了这个熟悉的游戏，笑了起来。

3. 科迪的好奇心逐渐积累，他等待着……

6. 科迪已准备好迎接另一种玩法。

7. 他参与了游戏的铺垫过程——跟妈妈一样张大嘴巴。

10. 妈妈说："吞掉你！吞掉你！"

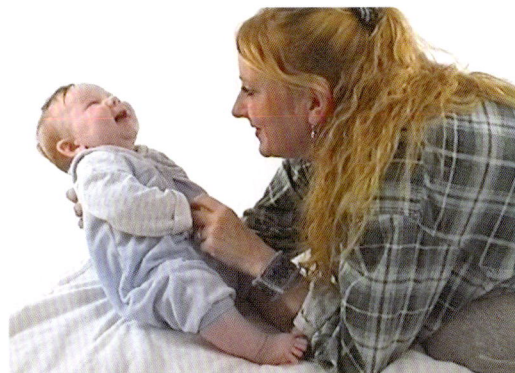

11. 科迪最后快活地扭动身体。

📽 照片故事

向玩玩具过渡

伊桑，11 周

（为了用摄像机捕捉精彩的瞬间，我们在伊桑旁边放了一面镜子。）

伊桑快 3 个月大了，他的视野明显拓宽，能够聚焦较远的物体。伊桑视力的发展跟游戏结构的进一步变化相契合。现阶段，婴儿可能已经厌倦了简单的面对面交流，觉得附近的东西更具吸引力。这种关注焦点的变化会促使父母将新的游戏对象带入他们的游戏。游戏从单纯地关注、分享参与双方的感受和体验，到拥有不同的主题，这显然是此类过渡的方式之一。

2. 朱莉顺着伊桑的目光看去，想搞明白他究竟是被什么吸引了……

3. 接着，她伸手拿起了玩具。

4. 与此同时，伊桑仍然目不转睛地盯着玩具。

8. 朱莉把它放进伊桑手里……

9. ……而他成功地抓住了它。

10. 朱莉挤压玩具海星，使它发出"吱吱"的叫声。伊桑听到这意料之外的声音，抬头看看妈妈。

1. 伊桑对妈妈的关注逐渐减弱，突然间，他被一只红白相间的玩具海星吸引住了。

5. 朱莉把玩具海星拿到伊桑面前。

6. 他聚精会神地看着它，心无旁骛。

7. 伊桑心花怒放，向玩具海星伸出双手。

11. 妈妈假装吃惊，这让伊桑感觉很开心。

12. 他抓着玩具海星，继续看着妈妈，想让妈妈再次令玩具海星发出"吱吱"的叫声。

13. 现在，伊桑和朱莉不仅能够分享彼此欣赏的快乐，还能分享共同体验更广阔的世界的乐趣。

第二章

婴儿的物质世界

适应物质世界

婴儿的早期能力

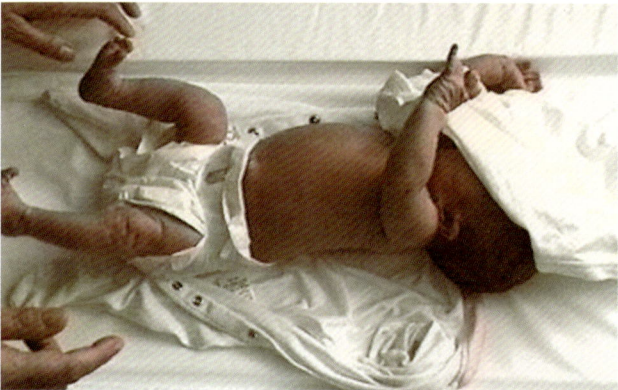

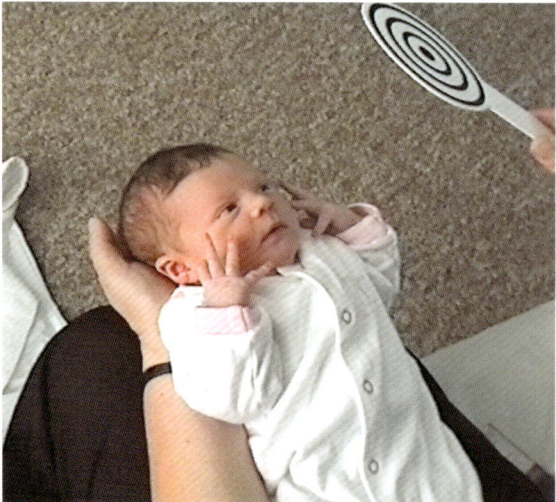

理解婴儿与物理世界互动的方式，有助于父母安排婴儿的生活环境。其实，即使在出生的最初几周，婴儿对物质世界也有一定的了解。新生儿听到声音时会将头转向声源，这一事实表明，她能够根据周围的声音确定自己在物理空间的位置。即便是第一次见到，婴儿也能很快理解她看到的东西拥有物理实质。例如，当有人拿着某个物体朝婴儿移动并逐渐靠近她的脸时，她会把头转向一边，或者用手臂挡住自己的脸。同样，婴儿也能觉察出她所看到的东西是否与自己所感觉的或触摸到的相符合。如果在婴儿嘴里放一个她之前没有看到过的特殊质地的奶嘴，然后，再给她看两个物体，其中一个和奶嘴的质地相同，另一个则不同，那么她会更多地去看表面与奶嘴质地相同的物体。似乎在婴儿的世界中，不同的感觉已经彼此相连，因此，婴儿不需要通过经验去领会这些联系。这就是亚里士多德所说的"常识"。

除了感知物质世界的这些特性之外，婴儿还能自己完成很多事情。他们可以扭头朝向或背对刺激源，比如一道强光；有些婴儿甚至能把遮住他们眼睛的东西揭掉；他们可以借助头部和双眼的活动来追踪缓慢移动的物体；有些强壮的婴儿甚至能够完成基本的爬行；如果婴儿精神饱满，情绪极佳，且头部得到较好的支撑，即使只有几天大，他们也会伸出手去抓面前的物体。虽然婴儿在最初的几个月之内仍然无法有意识地伸手并抓住物体，但他们仍然能够将手伸到恰当的位置，并摆出合适的手形。

婴儿来到这个世界后，自然希望弄清楚世界是如何运转的，尤其希望弄清楚她怎样才能让事情成为可能。婴儿生来就是解决问题的高手，甚至在最初的几周就能学会如何左右转头或者连续踢腿，从而触发一些有趣的事件，比如看到一道闪光或踢到一件悬挂的玩具。当她发现自己能控制所发生的事情时，她可能会更加兴奋，从差不多2个月大开始，她甚至会在玩游戏的时候露出笑容并且咿呀学话。最终，当婴儿完全掌握自身的活动和事件之间的联系时，她很可能会因此失去兴趣，此时只有做出调整，她才会再次投入到游戏中去。

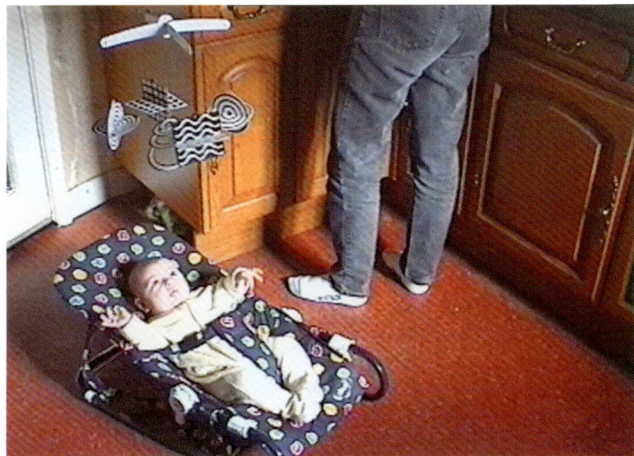

📷 **照片故事**

娜塔莎倾听并转向声源

娜塔莎，1周

婴儿能够根据周围的声音确定自己在物理空间的位置。父母可以把玉米粒装进食盒里，并且用胶带密封，做成一个简单的拨浪鼓。快速有力地摇晃拨浪鼓能够产生高频的声音，从而吸引婴儿的注意力。

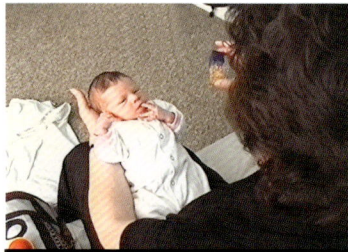

1. 娜塔莎注视着莉斯的脸。而在娜塔莎的视线之外，莉斯摇晃着自制的拨浪鼓，拨浪鼓发出高频声音。

2. 娜塔莎立即转头，寻找有趣声音的来源。

娜塔莎注视、倾听、追踪着拨浪鼓

娜塔莎，1周

这一次，莉斯将拨浪鼓置于娜塔莎的视线内，并像之前一样慢慢地前后摇晃它，让娜塔莎既能听到声音，也能看到拨浪鼓。娜塔莎的注意力被这件自制的玩具吸引了几分钟，她的头和双眼追踪着它，虽然她实际上不能伸手抓住拨浪鼓，但她的双手非常活跃，手指形成钳子状，做着抓取动作。

1. 莉斯确定娜塔莎在看玩具，起初，她把玩具置于娜塔莎视野的最中央。

2

6. 当玩具缓缓划出另一道弧线时，娜塔莎再次抬起左手……

7. 她的手又形成钳子状，做着抓取动作……

3. 声音停止了，娜塔莎转回头继续看着莉斯。

4. 这次，莉斯又在另一侧、娜塔莎的视线之外摇晃拨浪鼓。

5. 娜塔莎也将头转到另一侧，去寻找声音的来源。

3

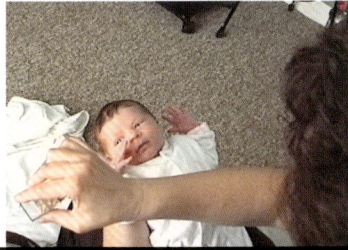

4. 拨浪鼓向侧面划出很大的弧线，娜塔莎一直注视着它，她协调头部及双眼的活动，以确保玩具始终在自己的视野之内。

5. 与此同时，她抬起双臂，张开两手，蜷曲手指，她的左手形成钳子状并做抓取动作。

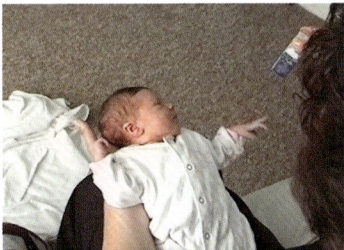

8

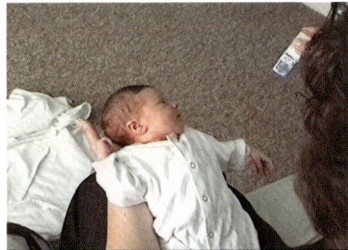

9. 当娜塔莎的胳膊落下去后，拨浪鼓从她手的上方划过，她没能碰到它。

📽 **照片故事**

把背心从脸上拿掉

娜塔莎，1 周

1. 莉斯轻轻地把一件背心盖在娜塔莎脸上。

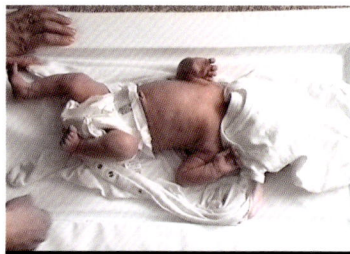

安全提示

　　对婴儿来说，她的呼吸至关重要，而眼睛不被遮住同样重要。在一次儿科检查过程中，莉斯用一件背心盖住娜塔莎的眼睛，然后小心地关注着她的举动，最终娜塔莎成功地将背心拿掉了，这充分说明婴儿能够很好地照顾自己。然而，婴儿应对这种情况的能力因人而异，因此父母给婴儿穿脱衣服时，应该始终确保孩子的呼吸不受阻碍。

　　这次测试的结果展现出娜塔莎渴望自由呼吸、看东西的强烈欲望，以及她扯掉背心的能力。该测试基于贝利·布拉泽尔顿博士的新生儿行为评估等级设计，并且只能由训练有素的医生来完成。

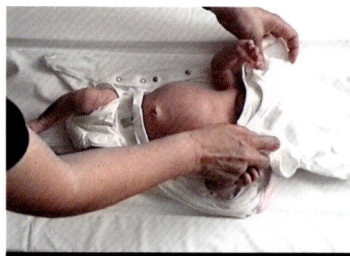

5. 她用左手抓住背心……

科迪和他的帽子

科迪，7 周

　　科迪的帽子滑下来并遮住了他的眼睛，这个偶然出现的状况证明了对于婴儿来说视线不被遮挡极其重要。他立刻开始扭动身体，弓起后背，想要摆脱遮住眼睛的东西。他的面部表情表明这次经历让他很不愉快。经过一番扭动和努力，科迪成功地把帽子蹭了上去，这样一来，他就可以自由地往周围看了。

1. 科迪的帽子滑了下来，遮住了他的眼睛。

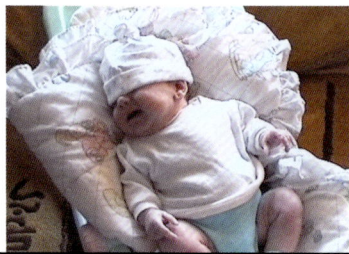

2. 他显然觉得不舒服，露出了痛苦的表情，然后向一边扭动。

3. 接着是向另一边扭动，并猛地抬起双手。

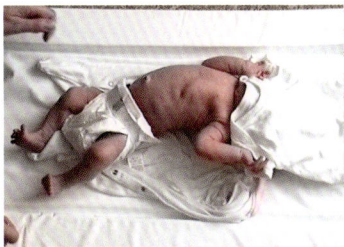

2. 娜塔莎猛地把胳膊伸到背心上，不停地扭动着。

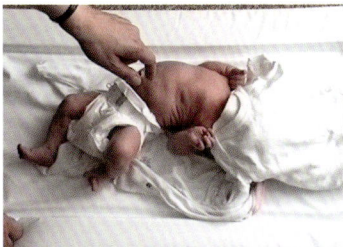

3. 娜塔莎弓起了背。

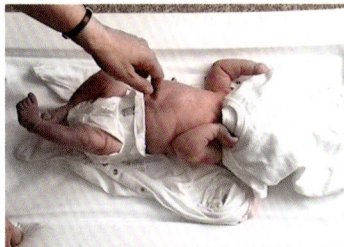

4. 娜塔莎弓背的动作没能使她摆脱掉背心，她现在开始用手了。

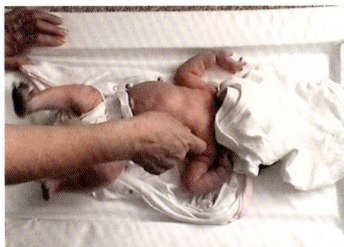

6. 现在她抓得很紧……

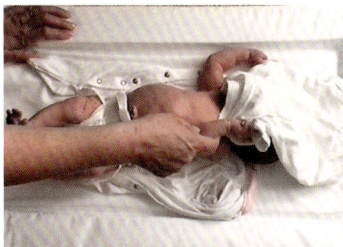

7. 开始往下拉扯背心。

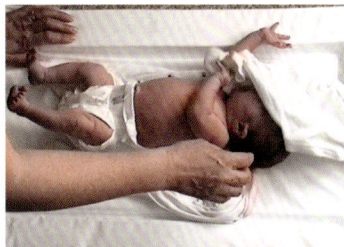

8. 娜塔莎成功地把背心从脸上扯掉了。

4. 他用头使劲蹭自己的椅垫，成功地把帽子边缘推了上去。

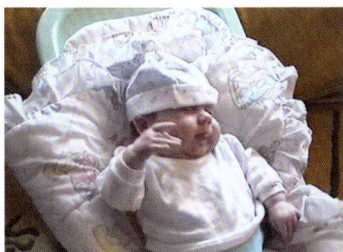

5. 科迪先把帽子从左眼那边蹭了上去，然后他又扭动了几下，用右手推了一下。

6. 他的眼睛终于能看到了。

父母如何配合这一切

调整环境以满足婴儿的需求

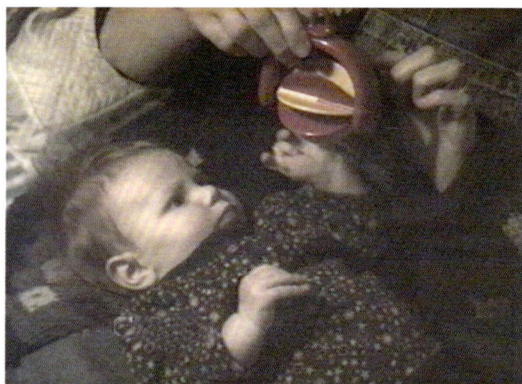

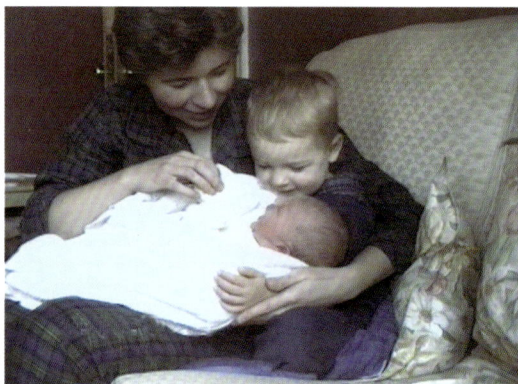

婴儿虽然很早就能够出色地对所处的物理环境做出反应，他们却只能依赖那些照顾自己的人来了解自己的反应，并帮助自己跟这个世界打交道。例如，当婴儿对某个特定物体表现出兴趣时，如果熟悉这个婴儿的人能将该物体拿到合适的距离之内以便婴儿能够看清它，那么这种兴趣就能得到最好的满足。同样，当窗外射进屋里的光线对婴儿来说太亮甚至令她不安时，理解婴儿的表情及动作的人就会掉转她的方向或者拉上窗帘。为了让婴儿拥有他们期待和需要的环境，应该有人陪在他们身旁，解读他们发出的表达兴趣、关注或焦虑的信号，并做出恰当的反应。父母若能更多地了解当婴儿接收到外部世界的种种刺激时是如何应对的，就能够更好地解读这些信号。

婴儿出生后的最初几周特别容易被某些特殊的视觉刺激所吸引，如人脸，除此之外，他们会专注于对比强烈且鲜明的图案，比如黑白条纹图案或棋盘图案，窗框或者画框边缘也可能吸引他们的视线和注意力。

婴儿出生后最初几周的最理想的聚焦距离是22厘米（约9英寸），这个距离与妈妈给婴儿喂奶时2个人的脸之间的距离相近，也是人们跟婴儿交流时本能地与之保持的距离。这个距离还是拿着物体以吸引并抓住婴儿的注意力的最佳距离，以及放置悬挂玩具或者图片让婴儿自己观察的最佳距离。

当然，正像前面说的那样，对婴儿来说，能够感知自身活动与外部事件之间联系的最佳机会是与那些能够感知其信号并能做出恰当反应的交流对象进行互动。在婴儿出生后的最初几周，人们会通过模仿对婴儿的行为做出直观的反应，通常以比婴儿最初表达方式（如通过发出声音及模仿面部动作）更丰富的方式展现出来，这样不仅充分挖掘了婴儿与生俱来的能力，使婴儿的不同感官系统彼此关联，也让婴儿了解到自己能够以怎样的方式影响世界。

同样，进行面对面游戏时，交流对象会密切关注婴儿兴趣程度的增减，因为他们处在最理想的位置，可以调整自身的行为以提供变化乃至确定的主题，这样一来，当婴儿想要掌控新的游戏规则时，就必须再度集中注意力。当然，父母并不能时刻都陪孩子玩耍，那么画有图案的移动物体、玩具或悬挂在适合距离的物体将有助于让婴儿融入客观环境之中，甚至使婴儿的兴趣再提高一些，直到她能够伸手抓握物体，或者独自到处爬动。

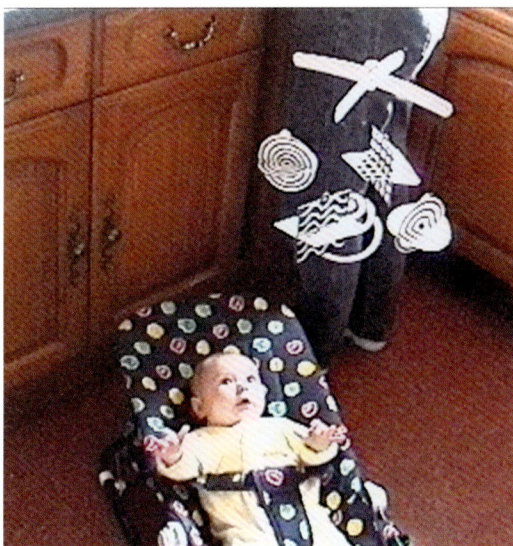

📽 照片故事

对环境的敏感性

1. 突然出现的声音

一些几乎不会让成年人眨眼或颤抖的事情却能引起婴儿的强烈反应。在第1个例子中，门被风吹动并关上时发出"砰"的一声，这让亚历山德拉吓了一跳。

2. 亮光

在第2个例子中，研究中心室内的灯光让埃米莉有些不安。留意婴儿感到不安时发出的信号，并判断该信号是否是婴儿对不同的刺激做出的反应，将能够帮助父母安排婴儿所处的环境。

3. 亮光

在第3个例子中，当环境出现异常变化时，婴儿通过面部表情和身体动作强烈地表达了自己的不安。这些都是极其重要的信号，可以引导父母为孩子提供所需的照顾。

埃米莉，2周

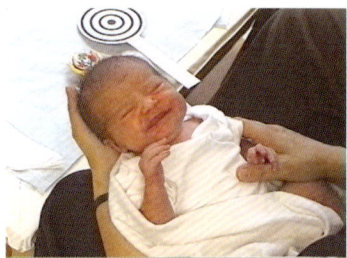

1. 埃米莉仰面躺着，附近的顶灯给她带来了困扰，她脸上露出痛苦的表情……

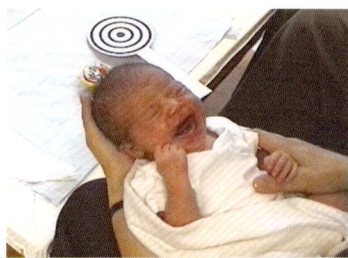

2. 不安的情绪迅速升级。

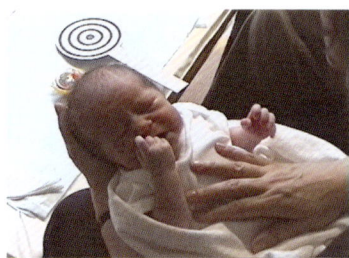

3. 房间里的顶灯被关掉了一盏，埃米莉尽管一直紧闭双眼，哭声却慢慢减弱了。

伊莎贝尔，1周

1. 伊莎贝尔被爸爸奈杰尔抱在怀里，小家伙感觉很惬意。

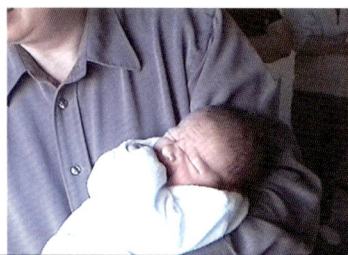

2. 奈杰尔无意间的身体挪动使光线直射伊莎贝尔的双眼。她露出痛苦的表情，紧紧地闭上眼睛……

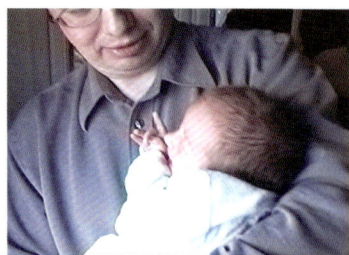

3. 伊莎贝尔扭动着身体，这个举动不禁令奈杰尔吓了一跳。

亚历山德拉，2周

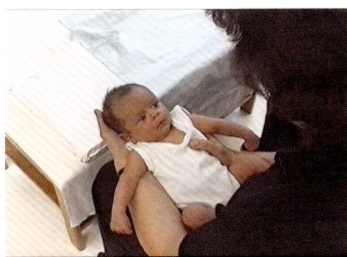

1. 亚历山德拉躺在莉斯的腿上，她的表情很严肃，但很放松。

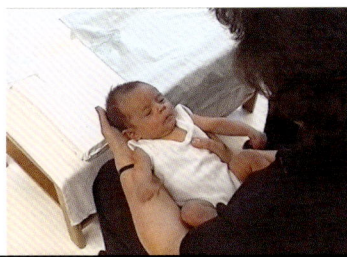

2. 门"砰"的一声关上了，亚历山德拉眨了眨眼睛，大概1秒钟后……

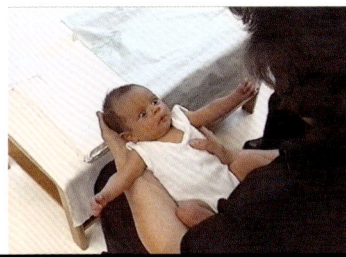

3. 亚历山德拉吃了一惊，双臂向外甩动，眼睛睁得大大的。对亚历山德拉来说，看似微不足道的小事都是极大的干扰。

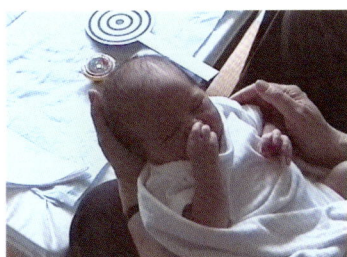

4. 现在，房间里的第2盏顶灯也关掉了，埃米莉仍然闭着眼睛，她吸吮着拇指以安抚自己，情绪变得更加稳定了。

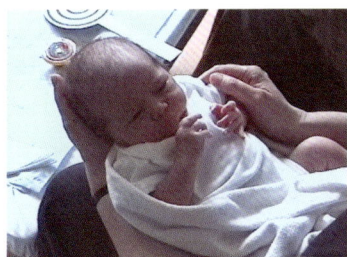

5. 灯光全部熄灭后，埃米莉又平静了下来，她又可以开始和这个世界"交流"了。她睁开双眼，不再吸吮手指。

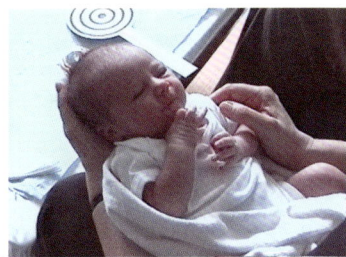

6. 她已经准备好跟莉斯交流了。

4. 伊莎贝尔露出痛苦的表情，想要扭头避开光线，奈杰尔低头检查女儿的情况……

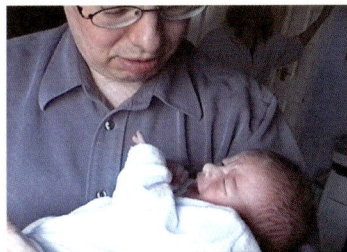

5. 看到女儿极其不安的神情，奈杰尔有些担心。

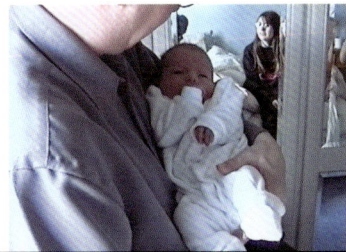

6. 奈杰尔立刻采取了行动：他抱着女儿远离了亮光。伊莎贝尔的情绪平稳下来，再次睁开了眼睛。

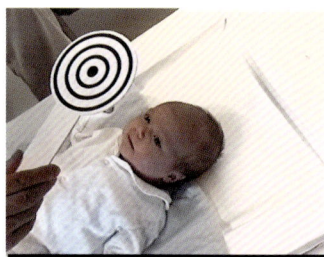

📽 照片故事

来看"棒棒糖"（一）

帮助婴儿享受实物带来的乐趣并不总是那么简单，即便这个实物的模样像极了棒棒糖（如图中所示），且设计完美地匹配婴儿的视觉能力。婴儿是否愿意接受实物取决于一系列因素：她的精神状态，其他刺激是否会给她带来过大的负担，她的年龄及成长状况等。婴儿之间的个体差异会影响父母向他们展示实物及帮助他们享受这种经历的方式。

埃米莉，1周

埃米莉情绪稳定、精神极佳，她的注意力完全被"棒棒糖"上面清晰的黑白图案吸引。当"棒棒糖"缓缓地左右摆动时，埃米莉的头部和双眼动作协调一致，使她能够一直追踪"棒棒糖"，并让"棒棒糖"始终保持在自己的视线范围内。有时，埃米莉会变得异常兴奋、呼吸急促、动作有力，偶尔还会向"棒棒糖"伸出手。"棒棒糖"对埃米莉的吸引力只持续了几分钟，她很快便对其失去了兴趣，转过脸去，这表明她不想再看"棒棒糖"了。

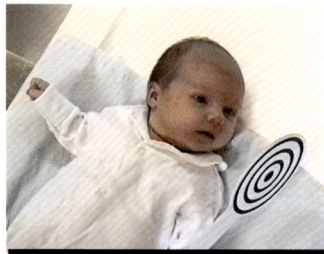

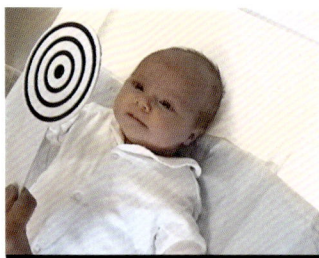

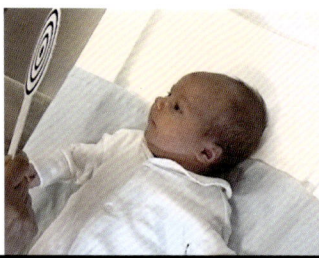

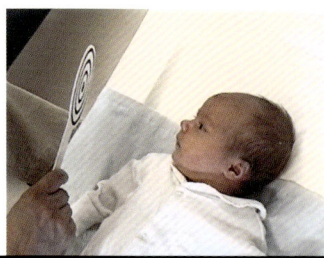

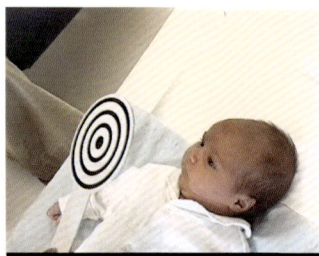

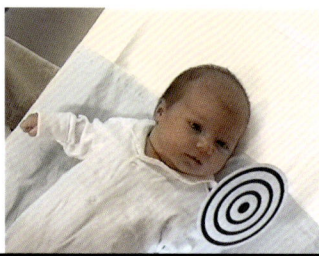

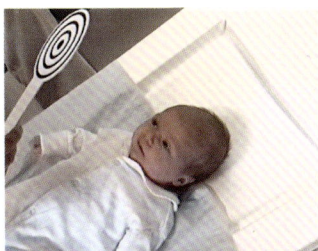 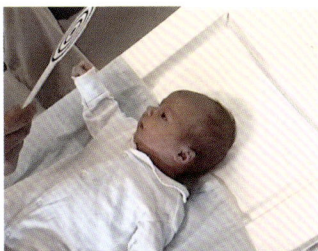 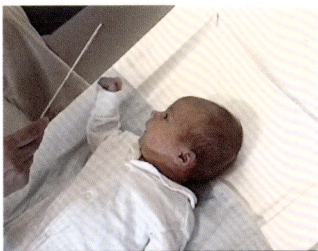

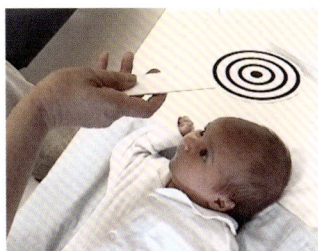 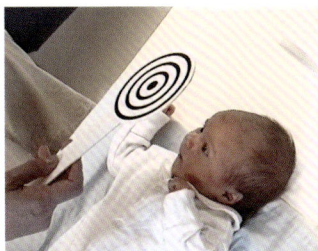 

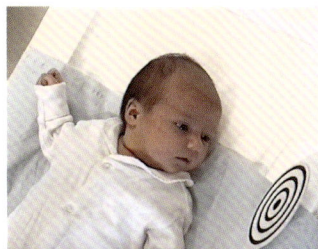 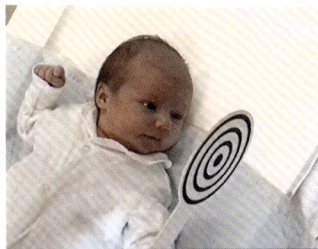 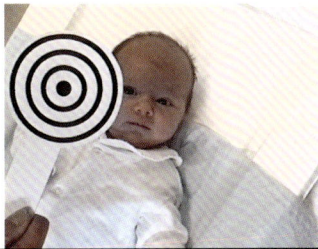

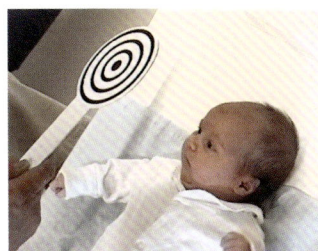 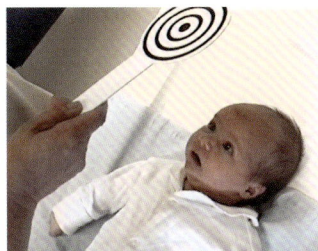 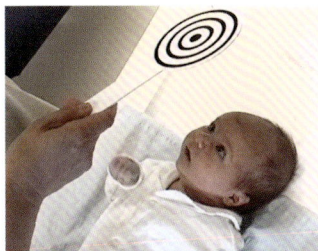

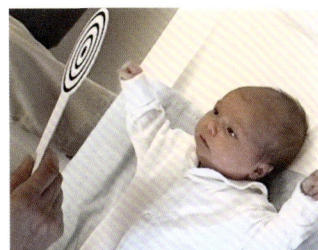 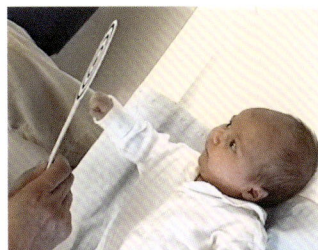 

来看"棒棒糖"（二）

娜塔莎，1周

娜塔莎在妈妈孕 36 周时出生。可能与早产有关，当"棒棒糖"在她面前缓缓地来回移动时，她自己很难保持注意力，很难协调头部和双眼来追踪"棒棒糖"。

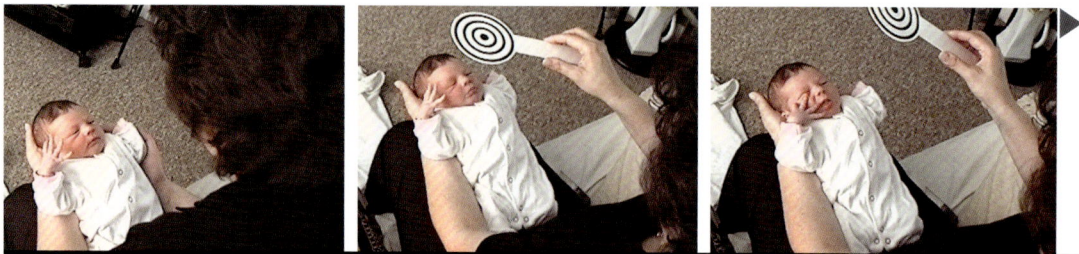

1. 莉斯抱着娜塔莎，娜塔莎目不转睛地注视着这张陌生的面孔。

2. 莉斯拿出了"棒棒糖"，并在娜塔莎的视线范围内慢慢地来回移动它。

3. 娜塔莎扭动身体，露出痛苦的表情……这表明她自己难以应对这种刺激……

1 分钟后……

休息一会儿后，娜塔莎对"棒棒糖"游戏更感兴趣了，当莉斯再次拿出"棒棒糖"时，她的注意力立刻被"棒棒糖"吸引。莉斯调整了"棒棒糖"的移动方式，使它在娜塔莎的视线范围内上下移动。然而，娜塔莎最终还是对"棒棒糖"失去了兴趣，她的注意力反而被莉斯的脸吸引住了，她盯着莉斯，并且已经准备好进行社交互动了。

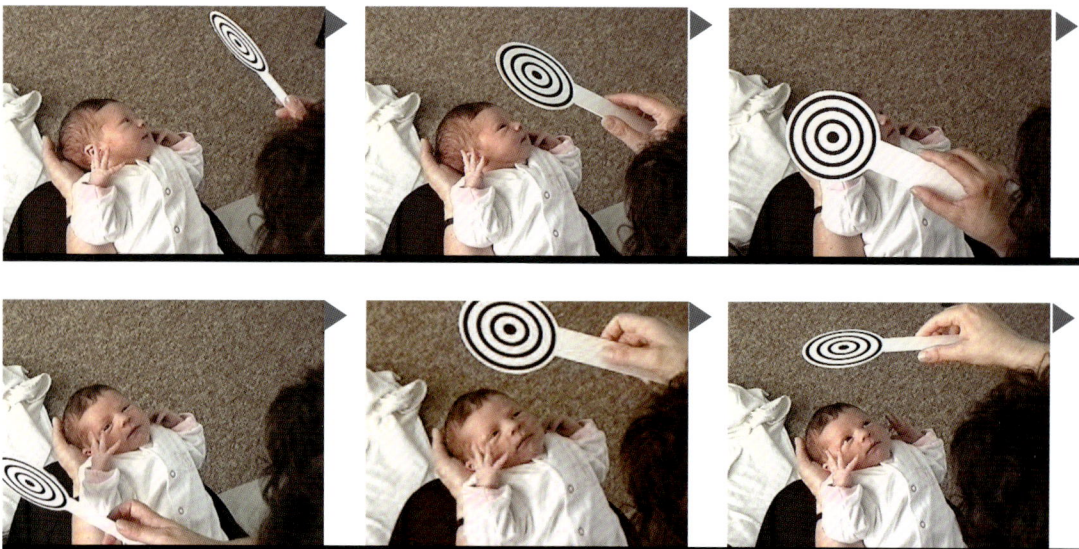

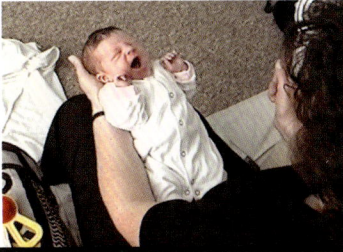

4. 娜塔莎打了个哈欠，然后闭上双眼，两手捂着脸，不再跟莉斯交流。

5. 莉斯不再提供任何刺激，让娜塔莎休息一会儿。

6. 很快，娜塔莎睁开一只眼睛看向莉斯，观察眼前的情况。可见，她善于掌控自己所接受刺激的水平，让刺激保持在自己可控的范围内。

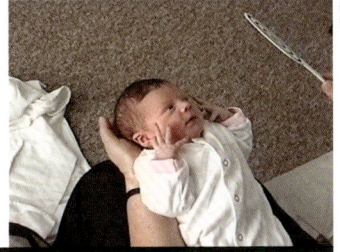

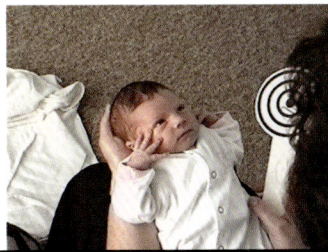

第三章

啼哭与安慰

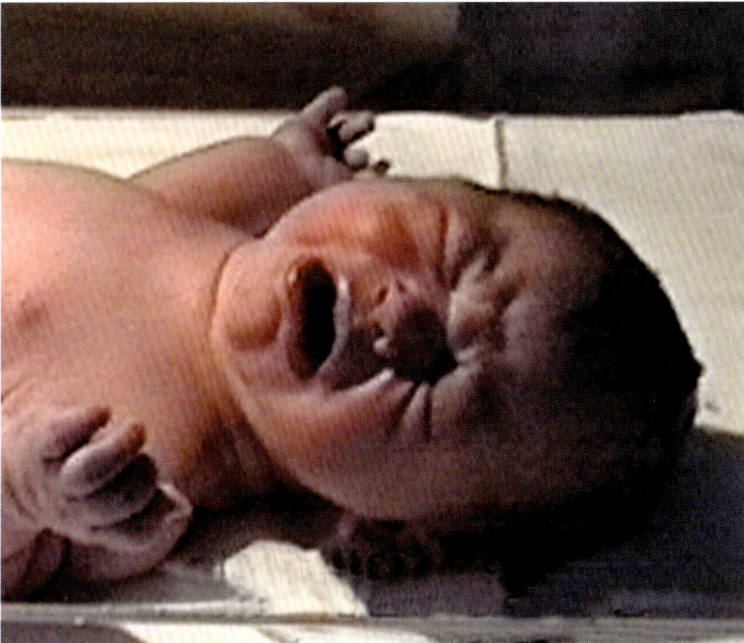

啼哭的发展变化

普遍发展模式及其变化

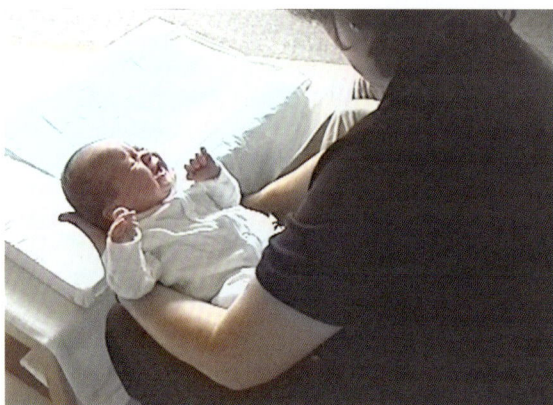

普遍发展模式

啼哭是婴儿吸引父母的注意力并获取关爱的最明显方式，因此，它是婴儿的重要交流方式。然而，父母一开始想要通过哭声本身来判断婴儿啼哭的原因并不容易。不同种类的啼哭具备不同的特点，它们表明了婴儿的不安程度或者事情的紧急程度，父母需要根据某些线索，如婴儿的面部表情、身体动作及背景信息，尝试找出特定的原因。婴儿刚开始啼哭或许很容易被误解为饥饿的信号，然而，随着父母对孩子在不同情况下的寻乳及吮吸行为的逐渐熟悉，他们就能够将婴儿由于饥饿而啼哭和由于其他原因而啼哭区分开来（详见第 132 页）。

对父母来说，婴儿啼哭往往带给他们压力和困扰，有时候，这样的压力会让他们感到难以承受。婴儿出生后的最初几个月，父母经常因为认定婴儿啼哭过度而带孩子去看医生。一般来说，婴儿在最初几周啼哭的时间会增加，继而又会减少。婴儿啼哭总时间的峰值通常出现在第 3 ~ 6 周，在这个时间段，婴儿平均每天啼哭和烦躁的时间和为 2 个小时。这种啼哭大多发生在傍晚或晚上。

针对婴儿啼哭的研究显示，虽然不同国家抚养孩子的方式迥然不同，但婴儿啼哭的高峰期在一天之中出现的时间及出现的年龄却大同小异。从出生后 3 个月左右到第 1 年的年末，婴儿每天啼哭的时间一般最终会下降到每天约 1 小时，这主要是因为他们晚上啼哭的时间减少。某些研究已经证明，随着婴儿一周周长大，他们啼哭的时间会稳步减少，每天平均减少 1 分钟多一点。

普遍发展模式的变化

虽然前文详述了婴儿啼哭的时间及时长的普遍发展模式，但要清楚的是，婴儿啼哭的时长是存在较大差异的。婴儿啼哭的时长每天都有显著的波动，尤其是在新生儿阶段。

婴儿出现啼哭的高峰年龄也各不相同。从父母的角度来看，最值得注意的是婴儿每天啼哭的时间长短存在差异。有占相当大比例的婴儿（约 20%）每天哭闹超过 3 个小时的情况每周至少会出现 3 次，这些婴儿特别容易在晚上啼哭，但即使是在白天，他们啼哭的时间也超过了平均值，而且在许多人看来，他们哭得特别厉害。此类行为在婴儿出生之初相当稳定，因此，前 2 周哭个不停的婴儿在长到 3 个月时会比其他婴儿更有可能持续啼哭。然而，这种稳定的模式会在几个月后发生变化，最初几周啼哭较多的婴儿并不意味着她 1 岁时仍然是个爱哭鬼。

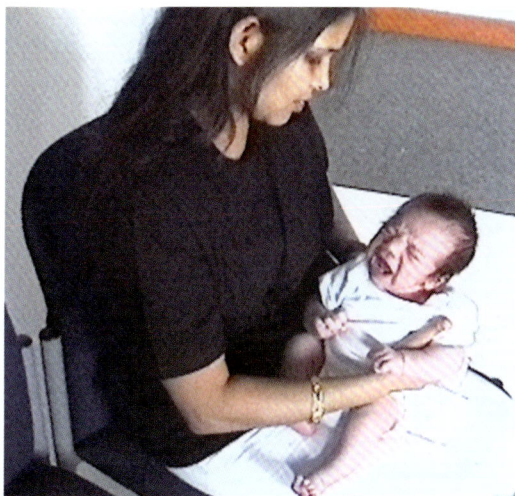

为什么有些婴儿更爱啼哭

理论和证据

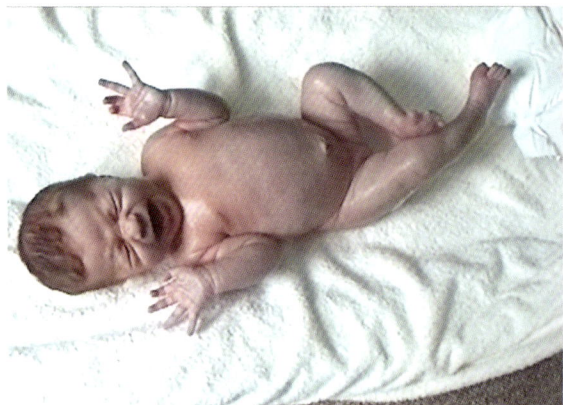

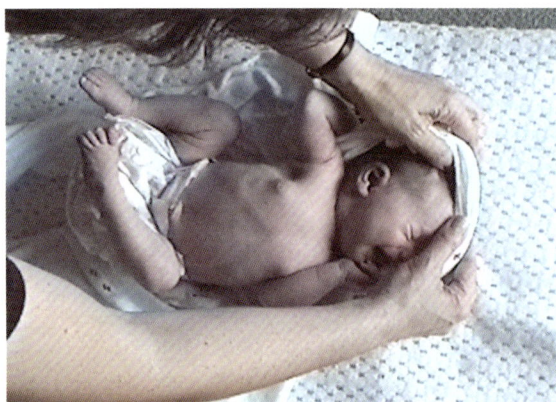

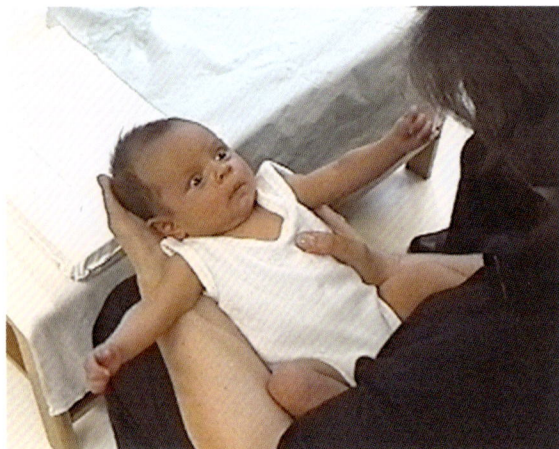

有个爱哭且哭个不停的孩子会使父母及其他家庭成员承受巨大的压力。虽然说不出原因，但父母如果认为他们应该对婴儿遭遇的困难负责，或者自己得不到支持，又或者误以为其他人在严厉评判自己，那么情况会更加糟糕。

有些婴儿从出生就比其他婴儿更爱啼哭，其原因还是个未知数，这种情况可能只反映出婴儿处在正常行为连续谱的一个极端，而不是证明婴儿存在问题。一些常见的假设，如婴儿啼哭较多是因为父母缺乏经验或做了错事已被认定毫无根据。其实，跟有经验的父母相比，新手父母的孩子也不见得哭得就多。同样，也没有充分的证据表明，父母处理失当会导致婴儿容易啼哭且难以安抚。婴儿是否会继续频繁啼哭，或者情况是否会在出生后的第 1 年得到缓解则是另外的问题，具体取决于处理婴儿啼哭的方式——这个话题将在后文进行讨论。另一种常见的误解是，男婴和女婴在早期的啼哭时长方面存在较大差异，但事实上这种差异是微乎其微的，因为有研究表明，啼哭时长的性别差异可能只有每天 5 分钟左右！

许多父母认为，急性腹痛或胃肠道紊乱是引发婴儿在出生后的前 3 个月啼哭更多的原因，对小部分婴儿而言情况似乎确实如此。在少数情况下，急性腹痛可能与婴儿对母乳或瓶装牛奶中所含的乳糖不耐受有关，尤其是当父母自己也存在此类反应时。然而，研究表明，在因啼哭问题而就医的所有婴儿中，只有 10% ~ 15% 的婴儿可能是因为急性腹痛而啼哭过多。一部分婴儿确实受到急性腹痛的困扰，这与特定的饮食不耐受有关，但没有证据表明喂养方式——母乳或奶瓶喂养与婴儿啼哭的时长有关。

造成部分婴儿在出生后前 3 个月不断啼哭的一个可能原因是，他们与其他婴儿相比在应对调整及变化方面（如昼夜睡眠周期的调整）遇到了更大的困难。这些婴儿也可能对环境每时每刻的变化特别敏感，并且认为这样的变化很难掌控。每天的经历，如换尿片都可能让婴儿感到有压力，从而使他们在衣服被脱掉的时候情绪紧张；婴儿还有可能会被突如其来的噪音吓到，因此她可能很快变得举止失常、心烦意乱。同样，在婴儿出生后的最初几周，特别敏感的婴儿可能会很难像其他婴儿那样通过抑制自己的反应来抵御过多的刺激。一旦这些婴儿感到不安，他们很难再次平静下来，他们往往比其他婴儿更需要父母的帮助。早产婴儿比足月出生的婴儿更有可能出现此类反应，但许多研究表明，在身体健康、发育良好、没有任何神经异常的婴儿中，出生后的前几周高度敏感的婴儿占 20%。

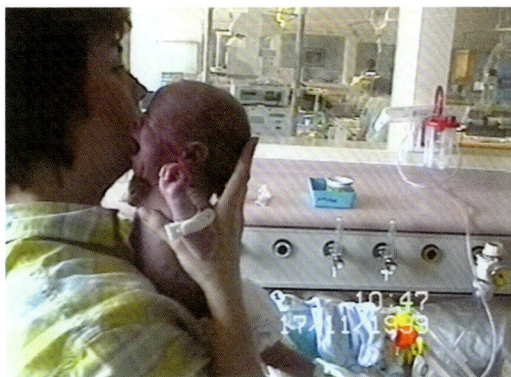

📽 照片故事

适应新环境

扎克，1周

扎克是家中降生的第 1 个孩子，其家庭环境安静且平和。这是扎克第 2 次外出，但他很难适应在研究中心的新环境。扎克虽然并未感到疲惫或饥饿，但在这个陌生环境中的第 1 个小时他始终处于不安、烦躁的状态，即便是妈妈比娜也很难安抚他。周围的人想跟扎克交流，但都遭到他的拒绝，只有当刺激被切断、扎克有机会吮吸自己的拳头的时候，他才会感到自在。

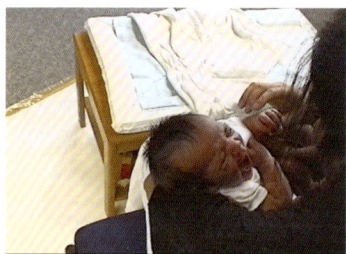

1. 扎克即便是在妈妈的怀里也很难安静下来。

5. 他成功找到了自己的拇指……

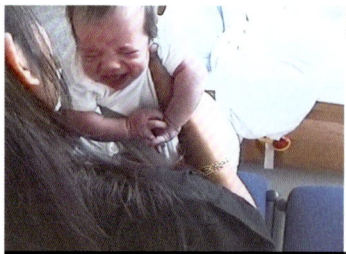

9. 比娜扶起他，面对面地看着他，他又变得不安起来：他的脸色变了，脸上的表情也变了。

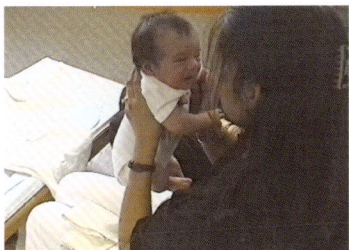

2. 比娜试着把扎克抱起来，靠在自己的肩上。

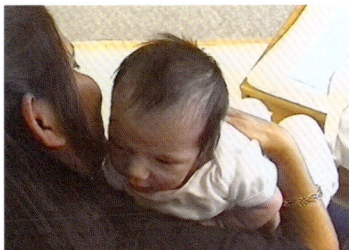

3. 扎克平静了一些……

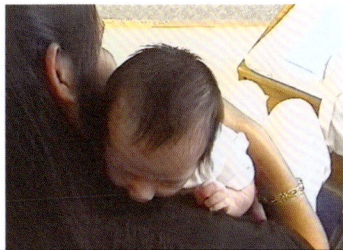

4. 然后试着找东西吸吮。

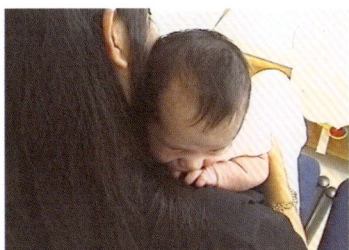

6. 扎克吸吮得很带劲，以此安慰自己。

7. 比娜想确认扎克是否开心，于是把他从肩膀上挪开……

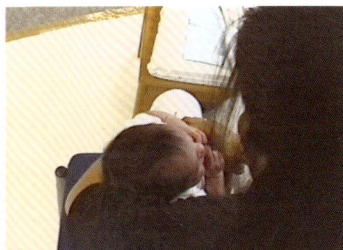

8. 然后放在自己的腿上，这样她就能观察扎克了。扎克握紧拳头吸吮，但他很快皱起了眉头。

10. 扎克靠在比娜的肩膀上后再次平静下来，找到了自己的拳头……

11. 但当扎克被再次挪开、面对世界的时候……

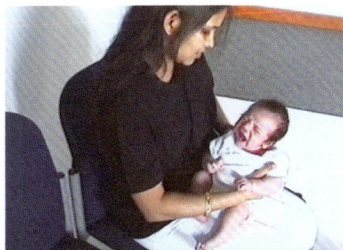

12. 他因无法继续吸吮拇指、失去了母亲肩膀的支持和安慰而再次变得不安起来。

应对啼哭

借助婴儿的信号避免不安情绪

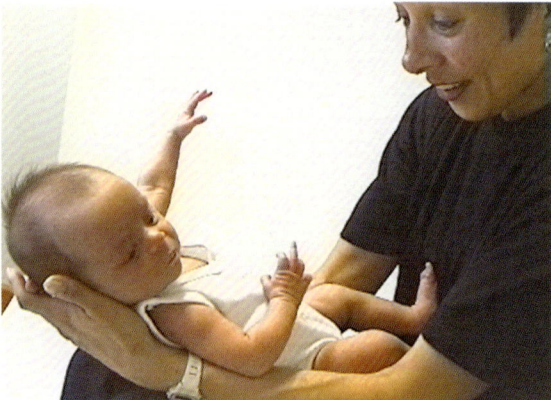

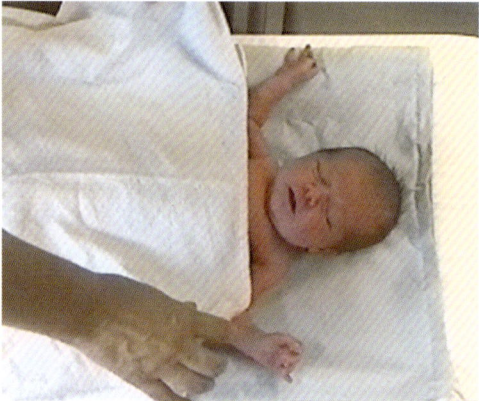

如果婴儿在出生后的最初几周经常啼哭，父母需要谨记2点：一是孩子并非"坏"孩子，她不会因此一直难以照看；二是出现这种问题时不能责怪自己。事实上，这些父母跟他们啼哭时间更久的婴儿一样，都应该得到额外的关怀和支持——来自家人、朋友及专业人士。

留意不安的早期信号

父母应对婴儿啼哭的一个基本原则就是观察孩子独特的反应，并以此作为信号。父母首先要留意婴儿的表情和行为的细微变化，这些变化表明婴儿可能开始感到不安。这些细微变化包括扭动身体、拱起背部、打哈欠、调转头部、皱眉、表情痛苦或者漾奶（见第94页）。留意这些早期信号并采取措施，调整和修正正在发生的事情，这样可能有助于防止婴儿轻微的不安升级。

避免困难的局面

预判那些婴儿感觉难以应对的情况显然对应对婴儿的啼哭有所助益。例如，如果换尿片或脱衣服令她感到非常不安（较敏感的婴儿在出生后的最初几周通常如此），自己无法平复情绪，那么就在手边准备一条被单，在换尿片的时候盖在她身上，这样可能会让她感觉好些。同样，束缚婴儿的双臂能够避免他们伸出胳膊，让他们免于变得激动不安。有些婴儿讨厌赤裸身体，因此给他们洗澡往往会让所有人都精神紧张，但如果可以换种方式给宝宝洗澡如从头到脚依次擦洗，就可以解决这个难题。另一种选择是父母陪孩子一起沐浴，这样父母就可以在整个过程中紧紧地抱着她了。

同样，父母如果注意到婴儿会因为突如其来的噪声如电话铃声而受到惊吓、变得不安，可以考虑采用简单实用的措施来避免此类情况再次发生，如将电话移走，这样一来婴儿就听不到电话铃声了。

婴儿处在轻度睡眠状态时往往会有较大的"惊起"动作，特别是那些敏感的婴儿，这些动作通常非常强烈，以至于造成婴儿惊醒后开始啼哭。在入睡前用襁褓将婴儿包裹住或许能够消除对这类婴儿造成干扰的因素（关于襁褓的信息，详见第134页）。

📽 照片故事

熟悉早期的不安信号

埃米莉，10 天

出生未满 1 个月的婴儿如果精神极佳、心情愉快，是能够参与基本的"对话"交流的。虽然他们不像 2 个月大的婴儿那样具有丰富且复杂的表达能力，但积极参与的基本模式，即在观察和倾听之间交替表达的能力显然不存在问题。婴儿在出生后的最初几周无法进行长时间的交流，但这反而有助于父母识别孩子疲倦的早期信号。

埃米莉才出生 10 天，她很喜欢和爸爸皮埃尔进行"对话"，在这种"对话"的过程中，他们会轮流掌控主动权。最初，埃米莉表现得更加积极，皮埃尔则认真倾听她表达；然后皮埃尔也加入表达，这时就轮到埃米莉注视和倾听了。不久，埃米莉感觉累了，逐渐失去兴趣。这些疲倦的早期信号相当微妙。此时，皮埃尔并不确定这些信号是什么意思，于是他想要继续交流。然而，埃米莉已经不想继续下去，她需要让皮埃尔更清楚这一点，于是她哭了起来。听到埃米莉不安的声音，妈妈斯蒂芬妮赶来帮忙，通过言语及抚摸，她总算把埃米莉哄睡了。

这次的经历能够让皮埃尔思考埃米莉是如何表现出不安的早期信号的，从而让他能够留意到这些信号，并能够做出恰当的反应，这样的契合会带给父女俩更加强烈的体验。

3. 埃米莉继续着她的前言语交流，皮埃尔聚精会神地看着女儿。

6. 现在，皮埃尔开始回应埃米莉，露出愉悦的笑容……

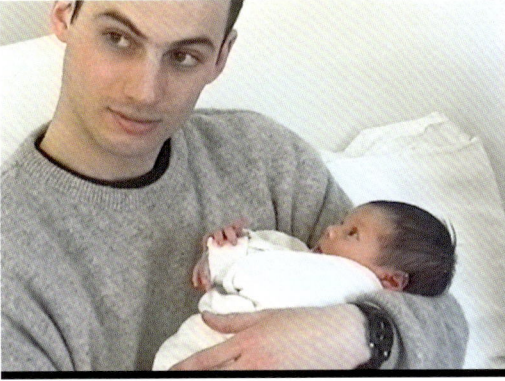

1. 埃米莉目不转睛地看着爸爸，而爸爸正在目送一位客人离开。

2. 皮埃尔将头转向埃米莉后，埃米莉就开始和爸爸交流，她嘟起嘴巴，眉头舒展。

4

5

7. 皮埃尔注意到埃米莉的表情，自己也嘟起了嘴巴……

8. 他们以这种方式交流了一段时间。

📽 照片故事

熟悉早期的不安信号

9

12

15. 埃米莉把目光从皮埃尔脸上移开……

10. 当皮埃尔模仿埃米莉的表达方式时，埃米莉的嘴巴放松下来，只有手依然活跃，因为她在向父亲做手势，现在轮到她注视和倾听了。

11

13

14. 埃米莉全神贯注于这次"对话"已经有几分钟了，她轻轻蹙眉，这表明小家伙可能感到累了。

16. 埃米莉扭动身体，眉头紧锁，揉搓着自己的脸。爸爸注意到女儿的举动后便停止了模仿，他想看看埃米莉要做什么。

17. 埃米莉短暂地恢复了状态，于是皮埃尔继续积极地跟她"交流"……

熟悉早期的不安信号

18. 但埃米莉真的感到疲惫了，她打了个哈欠，而且再次将视线移开……

21. 当她再次表达交流的意愿时，皮埃尔也受到鼓舞，继续跟女儿玩耍。

22. 然而，埃米莉真的不想再继续下去。她已经筋疲力尽，于是开始放声大哭……

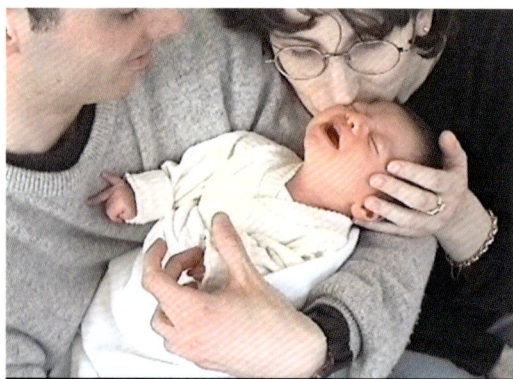

23. 妈妈斯蒂芬妮过来查看发生了什么事。

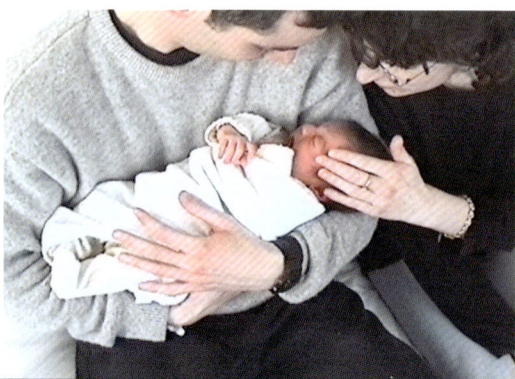

24. 埃米莉继续舒服地躺在爸爸怀里，斯蒂芬妮抚慰着女儿，柔声跟她说话。埃米莉做出回应，慢慢平静下来。

19. 甚至哭了几声。

20. 埃米莉似乎再次振作起精神……

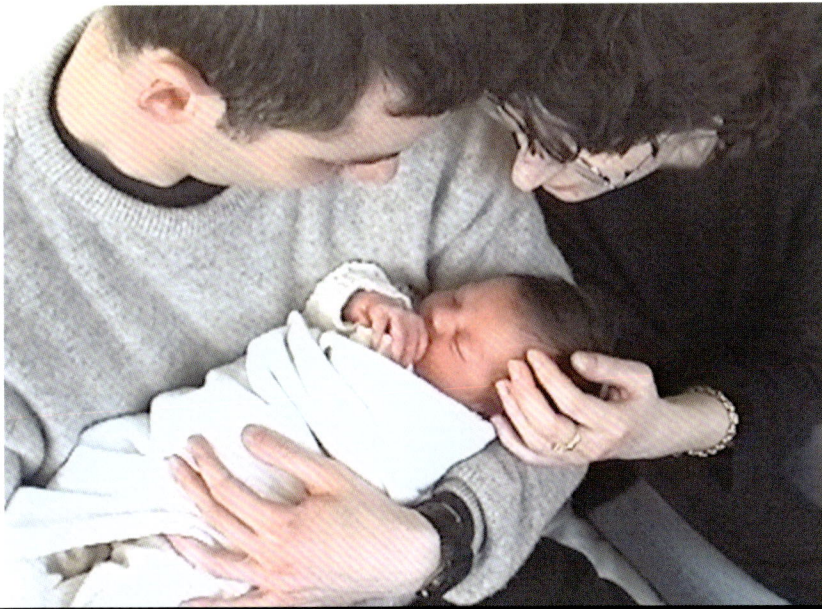

25. 结束了如此活跃的游戏环节之后，埃米莉很快便进入熟睡状态，吸吮着自己的拇指，皮埃尔则继续抱着女儿，跟斯蒂芬妮一起看着进入梦乡的小家伙。

📽 照片故事

出现不安的个体信号：漾奶

埃米莉，2周

　　当婴儿开始感到不安或者不堪刺激带来的重负时，他们表达出的信号各有不同——从啼哭这样较为明显的行为信号到更加微妙的信号。这些信号包括扭头不看刺激源、打哈欠、表情痛苦和拱起背部，但一些婴儿也可能出现漾奶的情况。埃米莉的妈妈西沃恩说女儿是个安静的孩子，很少以啼哭这样明显的方式表达不安的情绪。然而西沃恩注意到，埃米莉受到较大的刺激时往往会出现轻微的漾奶。这种漾奶的表现跟婴儿近期的饮食无关，而是跟她想要减少刺激的需求有关。

1. 埃米莉静静地仰面躺着，看不出有任何的不安情绪。

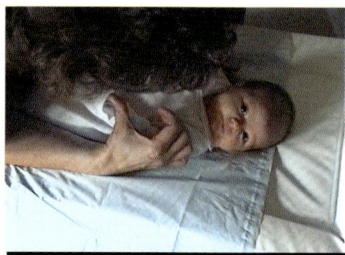

5. 埃米莉仍然不看莉斯，莉斯也不再尝试吸引她的注意力……

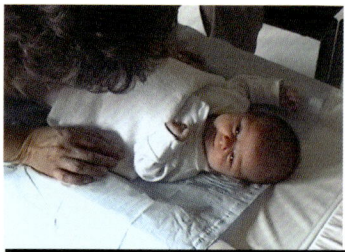

9. 埃米莉将头稍稍转向莉斯，看上去仍然很愉快……

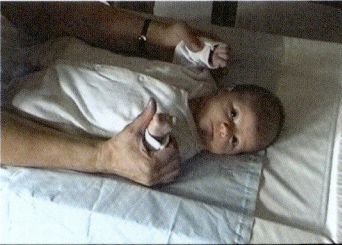

2. 莉斯尝试跟埃米莉聊天和玩耍，埃米莉却始终不看她。

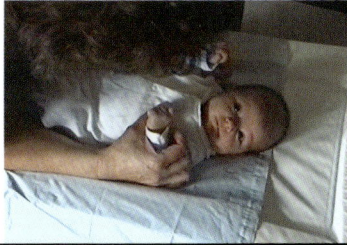

3. 埃米莉终于将头部和双眼稍微转向莉斯，但她的目光并没有完全投向莉斯；与此同时，她仍然显得很愉快。

4. 然而紧接着埃米莉便漾出了一些奶。

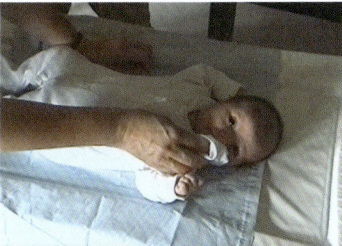

6. 莉斯擦掉了埃米莉漾出的奶。

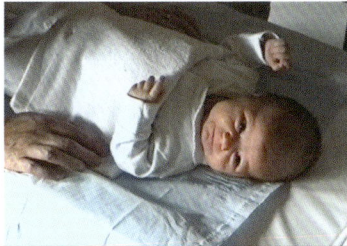

7. 过了一会儿，莉斯又试着和埃米莉交流，但埃米莉仍然坚定地不转头看她。

8. 埃米莉依旧没有露出痛苦的表情。

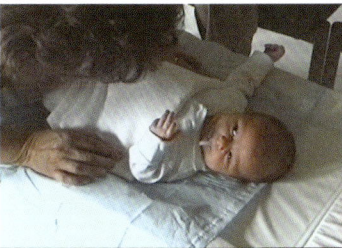

10. 但随后又一次出现漾奶。

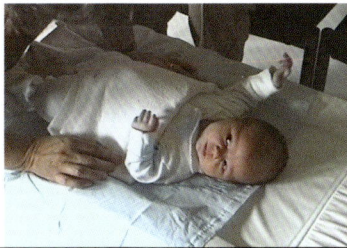

11. 埃米莉2次漾奶及始终不愿意直视莉斯的行为表明她不想玩耍。

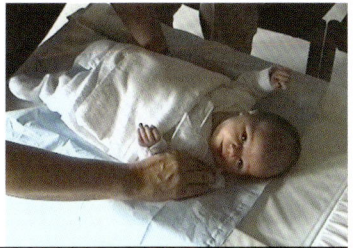

12. 莉斯清理了埃米莉漾出的奶后，放弃继续让埃米莉参与游戏的尝试。

📽 **照片故事**

洗澡

娜塔莎，3周

在出生后的最初几周，一些婴儿会因为洗澡感到极度不安，他们甚至会一直尖叫。一些婴儿即使能够享受整个洗澡过程的某些步骤，他们也会因为其他步骤感到不安，例如当他们被放进洗澡水里或从洗澡水里被抱起的时候。娜塔莎就是这样的孩子，但她的妈妈觉得女儿能够坚持每天洗澡已经是足够积极的表现了。然而，对那些不安情绪更加严重的婴儿而言，在婴儿能够更好地应对整个过程之前，要么由双亲中的一位陪伴她洗澡，要么采用从头到脚依次擦洗的方式。

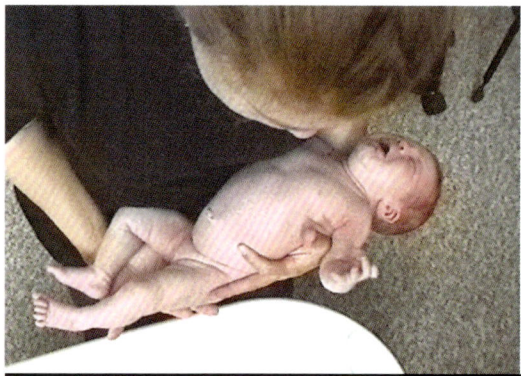

1. 朱丽叶抱着娜塔莎，俯身把她往浴盆里放，娜塔莎因为失去了安全感及跟妈妈亲密接触时的舒适感而开始表现出惊恐，她双臂张开，好像要抓住什么东西，背部也拱了起来。

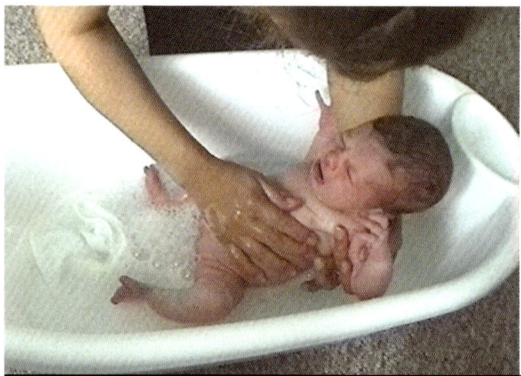

4. 然而，接下来的步骤让娜塔莎更难掌控，于是，她明确表现出自己的不情愿。

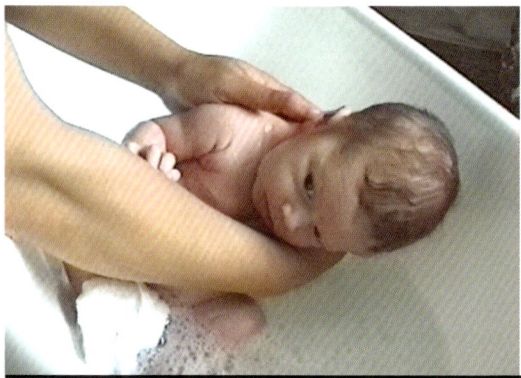

7. 接下来，她甚至能够在变换姿势、体验擦洗后背的新感受时保持放松的状态。

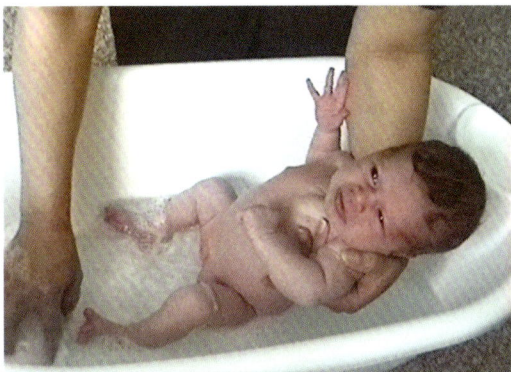

2. 当朱丽叶把娜塔莎轻轻放进温水后，小家伙的惊恐感似乎减轻了一些，但她仍然显得紧张不安，右手仍然向外伸出，似乎想抓住些什么。

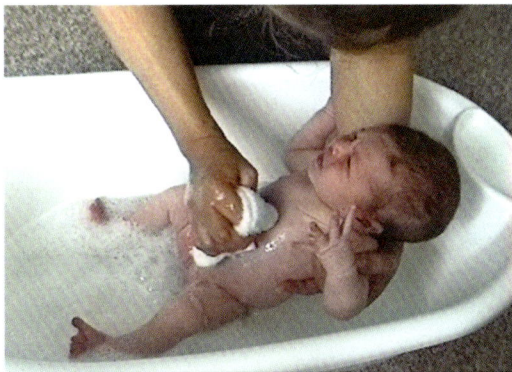

3. 开始洗澡后，娜塔莎仍然很难放松下来，但如果没有出现更多让她感到不安的事情，小家伙要做的只是努力忍受新的刺激。

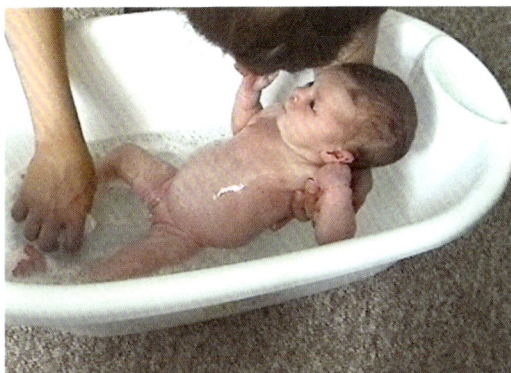

5. 此刻，新的刺激已经停止，娜塔莎逐渐习惯了待在水里，甚至可以逐渐放松下来。现在，她蜷缩起双臂，慢慢适应所处的环境，并抬头望着妈妈的脸。

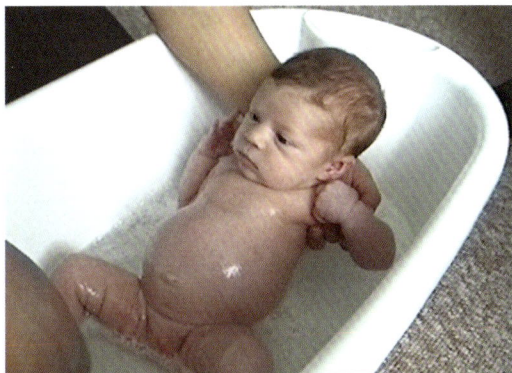

6. 接下来是一段相当梦幻的平静时光。娜塔莎完全放松下来，享受着温暖的洗澡水。

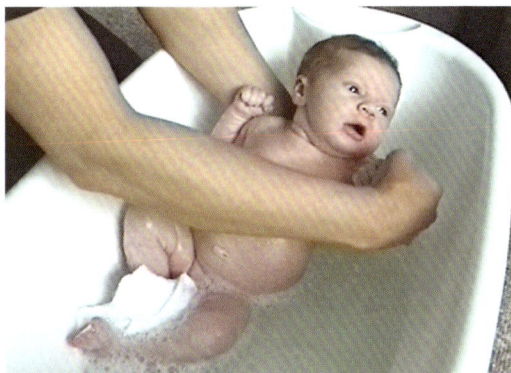

8. 当朱丽叶准备将娜塔莎抱出浴缸时，娜塔莎情绪平稳，精神极佳。

洗澡

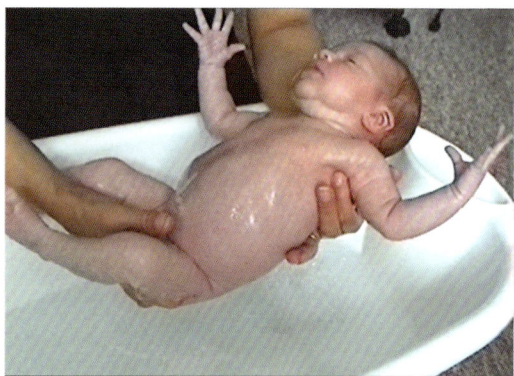

9. 虽然朱丽叶把娜塔莎抱起来的时候娜塔莎处在完全安全的状态，但离开浴缸这个温暖的空间时她吃了一惊，双臂猛地向两侧张开。

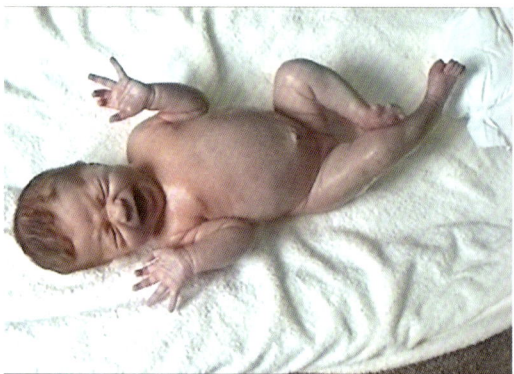

12. 变得极其不安。

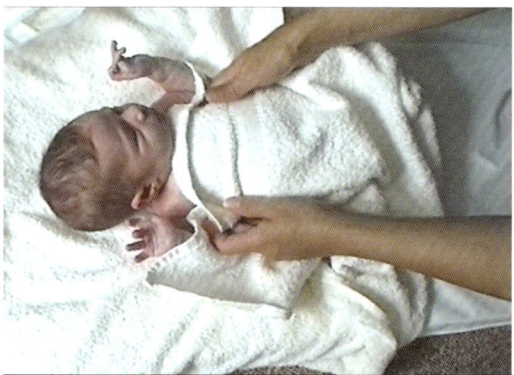

15. 当毛巾紧紧包着娜塔莎的身体，并且双臂也被裹在里面时，她的舒适感逐渐增强。

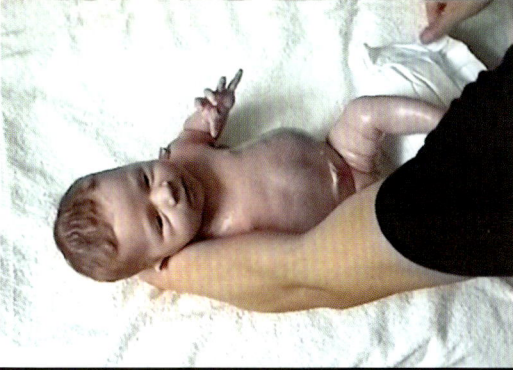

10. 直到朱丽叶把娜塔莎放在浴巾上，她才逐渐平静下来。

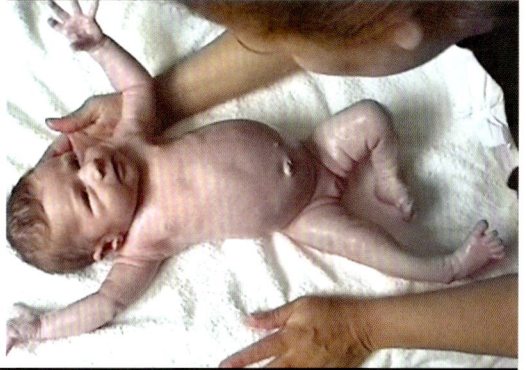

11. 但当妈妈松开手、娜塔莎一丝不挂地平躺在浴巾上时，她又开始感到害怕……

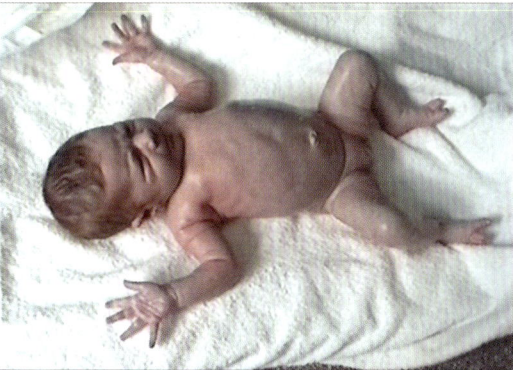

13. 最艰难的时刻已经过去，但娜塔莎仍然露出痛苦的表情，张开的双臂表明她仍然没有完全摆脱困境。

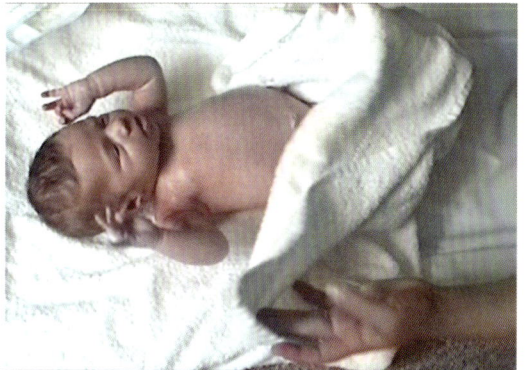

14. 直到妈妈把毛巾盖在娜塔莎身上，她才体验到安全感，逐渐放松下来。

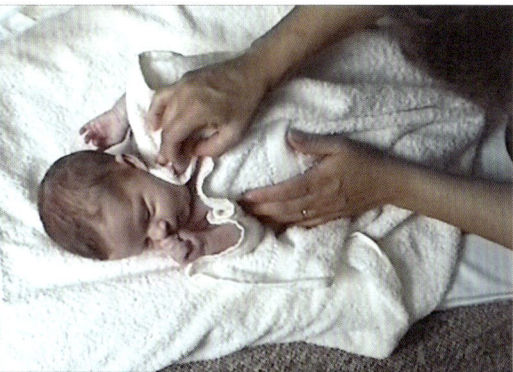

16. 现在，娜塔莎可以把大拇指塞进嘴里吸吮了……

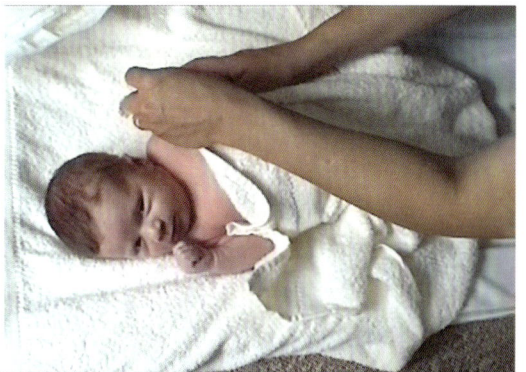

17. 她恢复如常，准备抬起头看着妈妈的脸，和她交流。

📽️ 照片故事

避免困难情况的出现

伊莎贝尔，1周

脱衣服令伊莎贝尔感到不安，她很快便开始左右扭动。莉斯建议采用一种特殊的方法，或许有助于防止这种情况的发展。这次，莉斯准备在给伊莎贝尔换尿片的时候尽量不脱掉她的衣服，同时确保伊莎贝尔的手臂被包裹在连体服里没法张开。如果伊莎贝尔想吸吮拳头的话，她以这个姿势能够很容易够到它们。

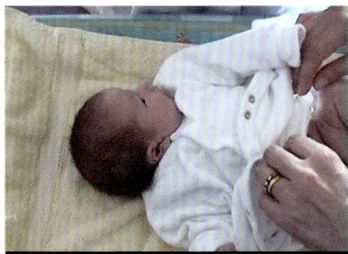

1. 伊莎贝尔静静地躺着，她的身体和手臂被充分地包裹着，莉斯把伊莎贝尔的连体服的下端慢慢卷上去。

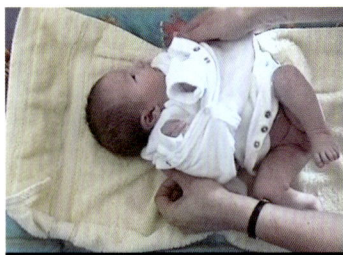

5. 莉斯把连体服宽松的边缘紧紧地塞在伊莎贝尔身下……

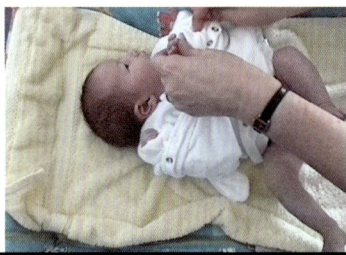

6. 然后挪动伊莎贝尔的左臂，让她更容易吮吸到自己的拳头。

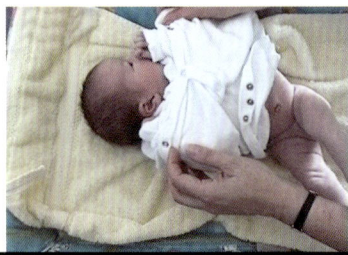

7

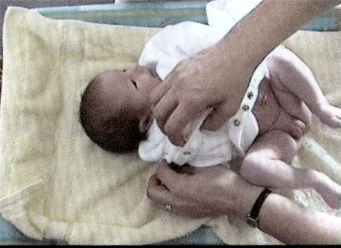

2. 莉斯把伊莎贝尔的右臂塞进连体服……

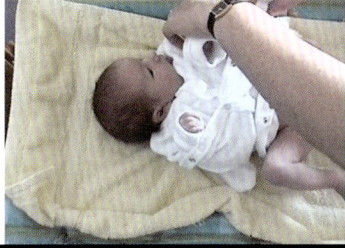

3. 然后把左臂也塞了进去。

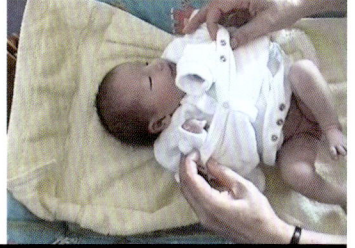

4. 莉斯把连体服再拉高一点，这样伊莎贝尔的胳膊就被牢牢地包裹住了。

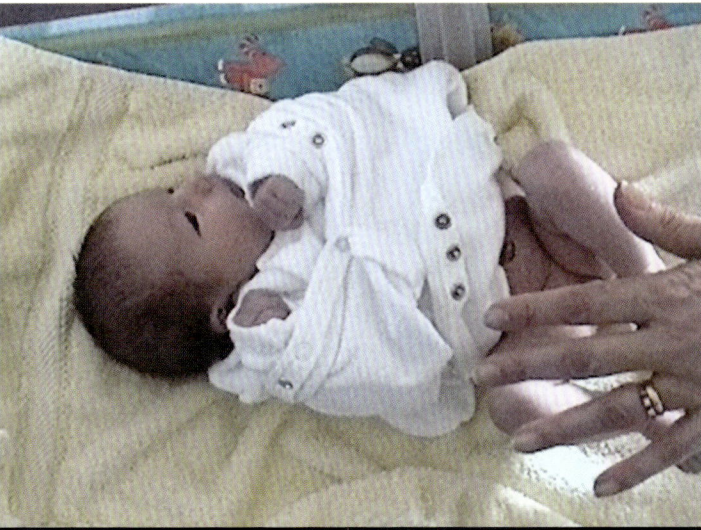

8. 事实上，伊莎贝尔并没有吸吮拳头，而是很自在地仰视着莉斯，和她交流。

📽 照片故事

盖点东西减轻不安情绪

埃米莉，1周

有些婴儿会因为脱衣服和换尿片感到不安，尤其是在出生后的前几周。换尿片时，可以用毯子、柔软的毛巾或者被单盖住婴儿身体的一部分，这样做能够缓解婴儿的不安情绪。

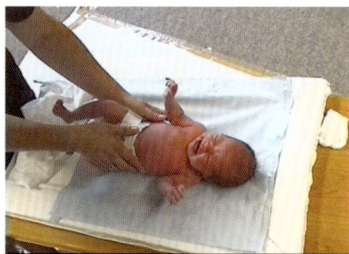

1. 莉斯把埃米莉放在毯子上，准备给她换尿片。即使埃米莉的衣服没有被完全脱掉并且她保持着仰卧的姿势，她仍然会啼哭。

5. 一开始，埃米莉几乎没有什么反应，眼睛仍然闭着。

从头到脚依次擦洗

杰克，1周

杰克在洗澡的时候表现出不安的状态。现在，妈妈萨拉正在分步给他擦洗，一次只脱掉他一部分衣服，直到他更加适应洗澡。即便是这种动作轻柔的擦洗也会让杰克感到不舒服，但比起脱光衣服洗澡，他的不安情绪已经减轻许多。

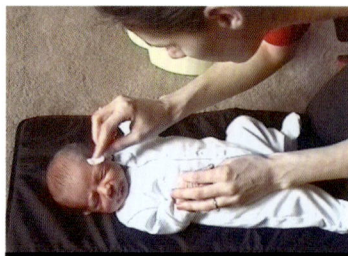

1. 萨拉擦洗杰克的面部，并用手握着他的一条胳膊，杰克露出痛苦的表情，扭过脸去。

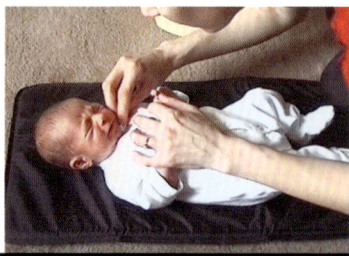

2. 当妈妈开始擦洗杰克的下巴的时候，杰克眯起眼睛，抗拒着，但在妈妈的鼓励下，他成功地控制住了自己的情绪，没有"崩溃"。

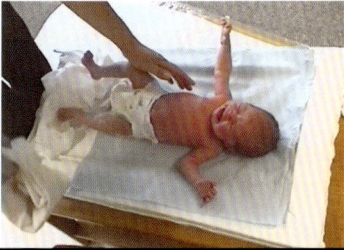

2. 当莉斯松开双手不再扶着埃米莉时，小家伙哭得更厉害了，甚至惊恐地张开双臂。

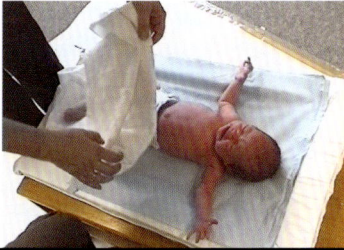

3. 莉斯拿来一张柔软的被单，埃米莉仍然啼哭不停……

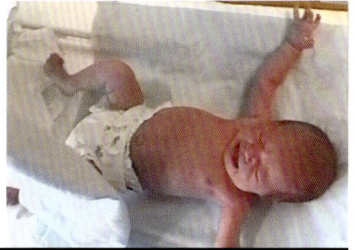

4. 莉斯把被单盖在埃米莉身上。

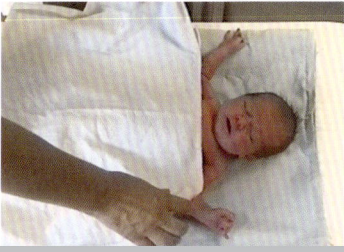

6. 当莉斯用被单把埃米莉包裹起来后，小家伙的胳膊开始放松，哭声慢慢减弱，眼睛也逐渐睁开。

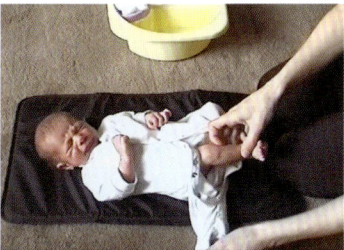

3. 当妈妈从两条裤腿开始脱杰克的连体服时，小家伙显然不太开心。

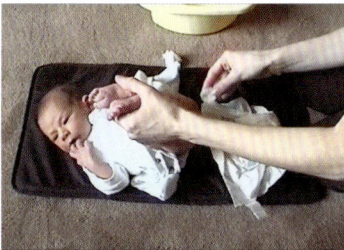

4. 他调整了自己的情绪，甚至能够专注于身旁发生的事情。

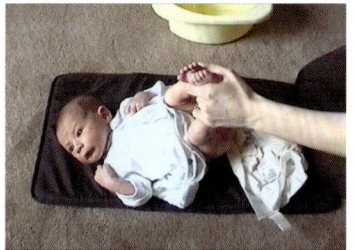

5. 杰克往旁边看，用手指安抚着自己，好像并没有意识到妈妈在给他擦洗屁股。

帮助婴儿实现自我平静

安抚技巧

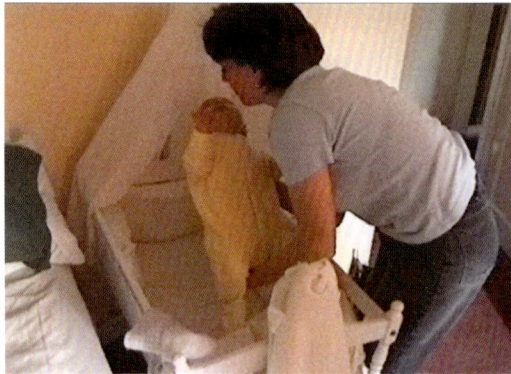

除了警惕会引发婴儿不安的情况外，父母还应留意婴儿是否有能力自己平静下来。在婴儿出生后的最初几周帮助她找到并使用自己的方法来调整自己的状态，即便是看似微不足道的方法也会对他们的长期发展有好处。比如，某些婴儿吮吸自己的拳头的举动能够实现自我安慰，但自己找到拳头可能并不总是那么容易。在这种情况下，父母或许可以帮助自己的孩子调整姿势，使她的拳头离嘴巴近一些，这样她就能够轻松地安慰自己了。还有一些婴儿则会因为观察某些东西，如某种平面图案而让自己平静下来，如果将这种图案置于婴儿的视野之内，那么她就有机会通过观察它来安抚自己的情绪。

安抚技巧

有些婴儿在开始变得不安时不需要太多的帮助就能平静下来，他们仅靠听到熟悉的声音就能实现自我安抚。其他的声音也能起到类似的效果，比如简单、有节奏的摇篮曲，甚至稳定的低电频家庭噪声（比如滚筒甩干机发出的声音）。但是，婴儿如果已经开始啼哭，那么他们中的大多数将会需要更加主动的帮助。婴儿如果是因为累了而感到不安，那么以水平姿势连续有节奏的摇晃可能会有作用；以直立姿势间歇性的摇晃则可能会对感到不安但很清醒的婴儿更加有效。（需要注意的是，剧烈的摇晃可能给婴儿带来危险，它对婴儿的大脑可能产生的影响跟急速摆动差不多。）有些婴儿需要几种安抚技巧共同作用才能平静下来，比如平稳摇晃婴儿的同时给她唱歌。

当然，并不是输入越多婴儿就能越顺利地平静下来。有些婴儿，尤其是那些敏感的

婴儿，他们即使前一秒还心情愉快，也很可能无法承受突然出现的刺激。此时，父母如果可以辅助减少刺激，如带他们去光线稍暗的安静房间，他们会有更加理想的反应。没有了外部的刺激后，婴儿可能还会啼哭或者烦躁一段时间，但他们很快就会安静下来，速度要比被抱着或摇晃时快得多。

随着婴儿慢慢长大，父母用来应对婴儿啼哭的策略也会发生变化。从出生后 3 个月开始，婴儿如果已经对吃饭、睡觉及换尿片等日常事务有很好的预判，那么她就能够预测接下来会发生什么，这将有助于婴儿更好地应对之前对她造成困扰的那些情况，并能够逐渐容忍父母对其需求做出反应的短暂延迟。父母需要调整自己做出反应的时机，以跟婴儿容忍延迟的能力相符合。让婴儿经历稳定且可预测的日常程序，这样做将有效地帮助孩子发展自己的应对能力，来应对家庭生活中那些不可避免的起起伏伏。

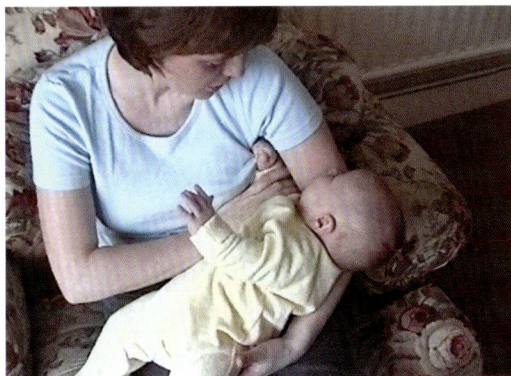

📽 照片故事

不安与自我安慰

伊莎贝尔，1 周

换尿片或者洗澡时脱衣服的每个步骤都让伊莎贝尔感觉不安，但她拥有绝佳的方法让自己平静下来——顺利找到自己的拇指并且吸吮它。

1. 洗澡的准备工作开始了。

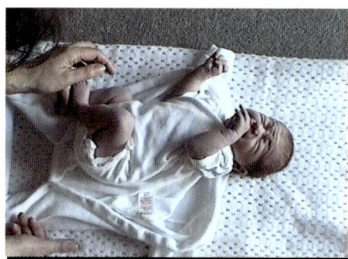

5. 伊莎贝尔把左手抬到嘴边，开始吸吮。

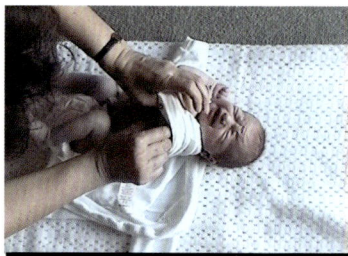

9. 然后开始哭。

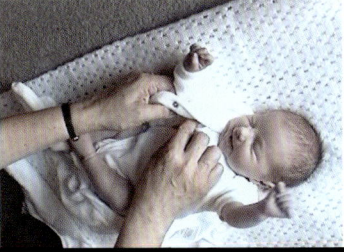

2. 开始脱连体服的时候伊莎贝尔突然张开双臂……

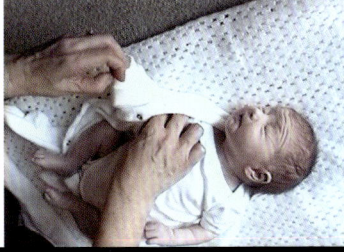

3. 她皱着眉头，露出痛苦的表情。

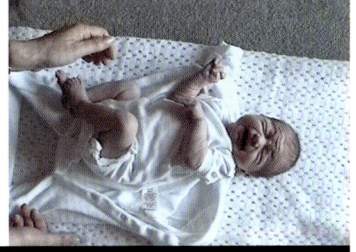

4. 伊莎贝尔变得极其不安。

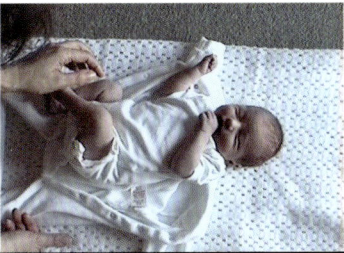

6. 她的不安情绪开始舒缓，逐渐平静下来……

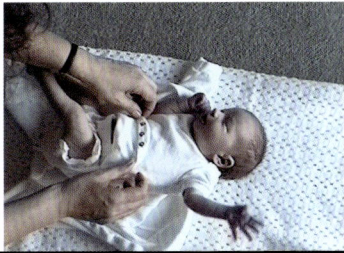

7. 但当莉斯做出下一个动作时，她的手臂再次张开。

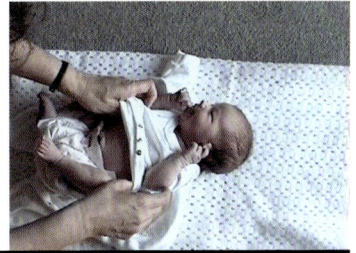

8. 伊莎贝尔皱起眉头，露出痛苦的表情……

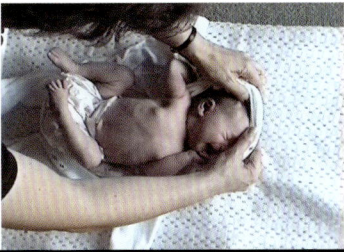

10. 当连体服被脱掉后，她变得更加不安。

11. 伊莎贝尔扭动着身体，哭个不停。

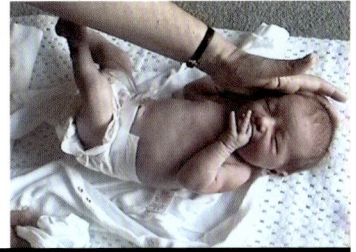

12. 等她找到了自己的拇指，吸吮上，她又一次很快让自己平静下来。

📽 照片故事

帮助婴儿实现自我平静

阿莱克斯，1周

有些婴儿可以通过吸吮拳头来舒缓自己的紧张情绪。在婴儿出生后的最初几周，可以通过裹住他们的胳膊来让他们更轻松地吸吮到自己的拳头。

1. 阿莱克斯非常不安，凯瑟琳把他包裹起来，这样一来，他的 2 只拳头就都在自己嘴边了。

2. 阿莱克斯像要把拳头吞下去一样迫不及待地吸吮拳头。

减少刺激

伊桑，11周

有时候，父母用尽各种方法来安抚不安的婴儿，但似乎都不起作用，他们越是积极输入，如摇晃或者唱歌，婴儿反而变得越是不安。在这种情况下，减少刺激往往能够起到安抚的作用，例如把婴儿带到光线昏暗的安静房间待几分钟。

1. 伊桑度过了一个忙碌的上午，几位客人带来的刺激让他应接不暇。现在，他正在发脾气。

5. 于是她把伊桑抱上楼。

3. 魔法奏效了，吸吮让阿莱克斯的不安有了极大的舒缓，他皱起的眉头也舒展开来……

4. 他继续专注地吸吮拳头。

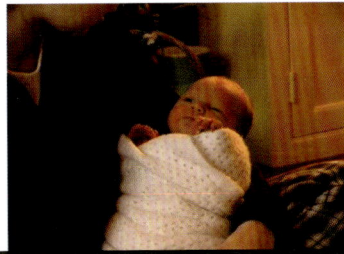

5. 阿莱克斯的情绪恢复常态，他又可以跟周围的世界"交流"了。

2. 朱莉尝试摇晃他，给他唱歌，但完全不起作用。

3. 朱莉把他抱起来，让他靠在自己肩膀上，抱着他四处走动，似乎也无济于事。

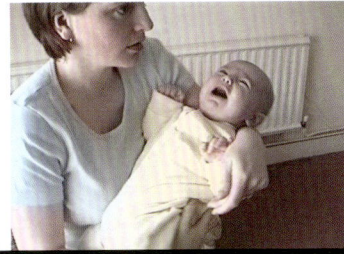

4. 朱莉断定这是由于外来刺激让伊桑觉得难以应付。

6. 朱莉拉上窗帘，让房间变得昏暗，她抱着伊桑，静静地坐着。此时，伊桑虽然专注地望着她的脸，可情绪仍然没有平复下来。

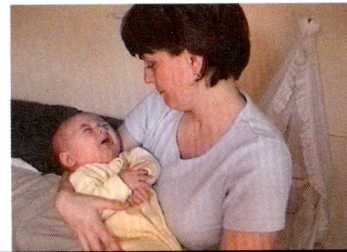

7. 朱莉感觉伊桑需要暂时摆脱所有干扰，包括交流沟通……

8. 她把伊桑放到小床上，熟悉的环境终于让他平静下来。

📽 **照片故事**

一本好书能起到安抚作用

伊桑，11周

有时候，视觉刺激能够帮助婴儿平静下来。对于刚出生不久的婴儿来说，对比强烈且清晰的图案更具吸引力。

伊桑情绪不佳，似乎不想吃饭、不想睡觉，也不想玩面对面游戏。朱莉抱着伊桑坐下来，给他看一本书，书上有各种各样的黑白图案。伊桑很快就被这些图案吸引并平静下来。

1. 伊桑很烦躁，朱莉决定试着跟他度过一段安静的时光，于是她拿着一本图画书坐了下来。

4. 伊桑依偎在妈妈怀里，慢慢变得活跃起来，很快就被对比强烈的图案吸引住了。

7. 每一种图案都让伊桑着迷。

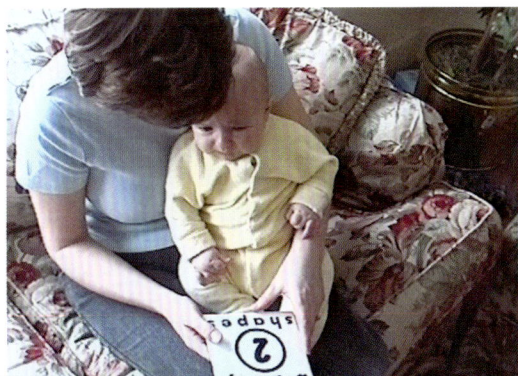

2. 起初，伊桑的表现让人看不出他是否愿意看书，因为他仍在皱着眉头抽泣。

3. 然而，书的封面很快就引起了他的兴趣，他逐渐安静下来。

5. 妈妈翻动书页时，伊桑专注地看着。朱莉给他足够的时间仔细观察每个图案……

6. 然后再翻到下一个，偶尔轻声细语地评价两句，鼓励他继续看下去。

8. 他开始用手指摸索这本书。

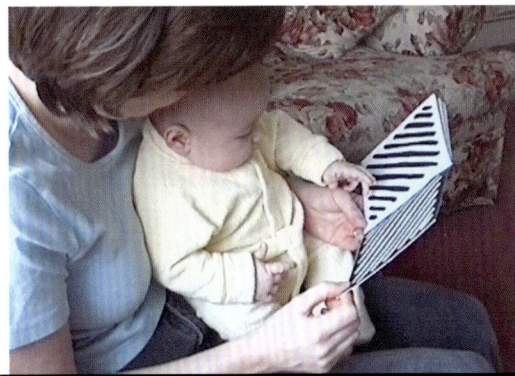

9. 伊桑天生便对视觉图案充满兴趣和喜爱，朱莉恰如其分地给予他支持和鼓励，这也让母子二人顺利度过一段艰难的时光。

📽 照片故事

水平抱住并摇晃

娜塔莎，3周，跟奶奶共处

　　婴儿如果需要积极的身体接触才能入睡，那么水平抱住并摇晃婴儿可以有效地帮助她平静下来。

1. 娜塔莎有点累，情绪不佳，难以入睡。

5

竖直抱住并摇晃

埃米莉，2周

　　婴儿如果只是不安但并不疲惫，那么竖直抱住并摇晃她能够起到安抚的作用。竖直抱住并让婴儿靠在自己的肩膀上，她将能够很容易地碰到自己的拳头，进而让自己平静下来，精神饱满地享受四处张望的快乐。

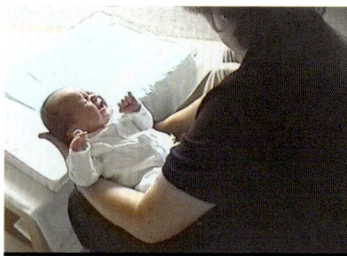

1. 埃米莉虽然不累，但她不安又烦躁。以她现在的状态，根本无法进行面对面的互动。

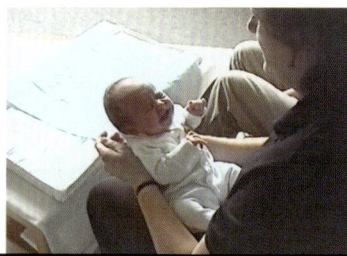

2. 莉斯把埃米莉竖着抱起来……

2. 奶奶紧紧地抱着娜塔莎，让她平躺在自己怀里。

3. 奶奶来回摇晃娜塔莎，她不安的情绪逐渐好转。

4

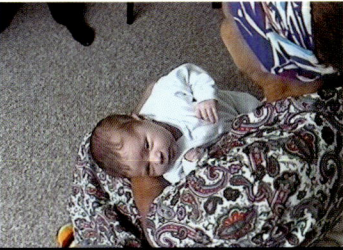

6. 现在，娜塔莎已经平静下来，昏昏欲睡……

7. 她很快便进入了梦乡。

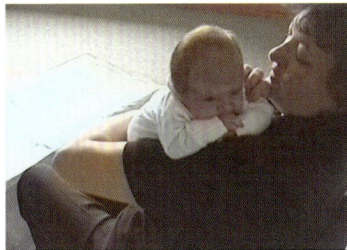

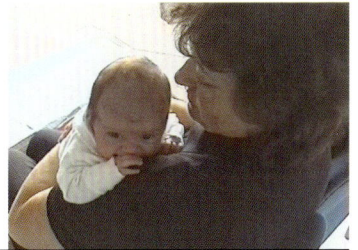

3. 让她靠在自己的肩膀上，轻柔地上下摇晃。埃米莉仍然很不安，但她找到了自己的拳头，开始吸吮。

4. 埃米莉已经平静下来，心满意足地吸吮着拳头。

5. 现在，她又可以开始留意周围的世界了。她的精神状态越来越好，饶有兴趣地看着周围发生的事情。

📽 照片故事

熟悉日常程序能帮助婴儿预判、参与并应对延迟 1

父母通常会跟婴儿一起构建固定的日常程序，特别是像喂奶、换尿片这样每天重复几次的事情。这些程序看起来很简单，但却涉及极微妙的调整，对参与程序的人而言，这些调整是独一无二的。经过几周时间，随着婴儿持续受到可靠的照料，她将慢慢熟悉日常的程序，逐渐能够预判接下来要发生的事情，更积极地扮演好自己的角色，同时也能够更好地应对较短的延迟。

埃米莉，7 周

埃米莉目前已经熟悉了妈妈给她喂奶的程序，并能够预测出喂奶何时开始。然而，她仍然很难积极参与到这一进程中，在准备工作明显已经开始的情况下，她不能容忍任何的延迟。

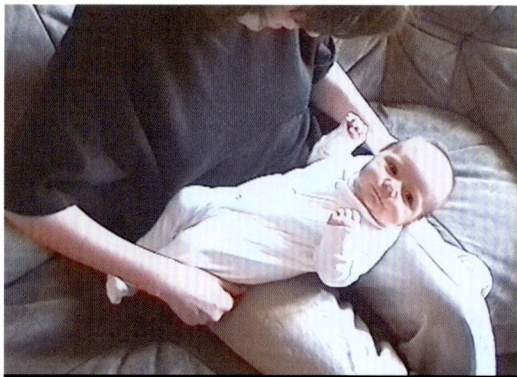

1.埃米莉想吃奶了，西沃恩于是在沙发上坐下来，白天的喂奶通常都是在沙发上进行的。

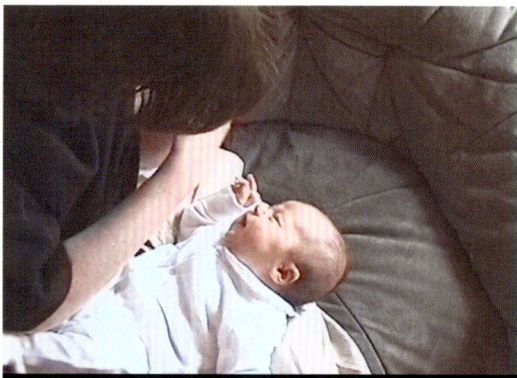

3.然而，等待对埃米莉来说却异常困难，她逐渐变得焦躁起来……

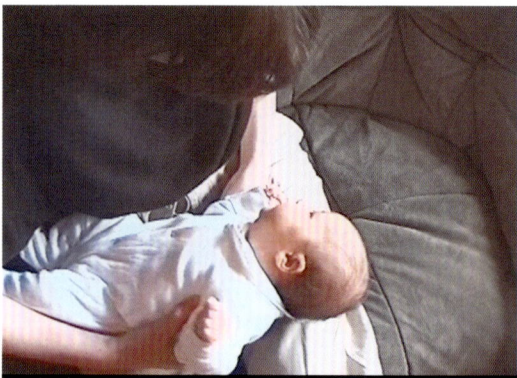

5.埃米莉积极主动让喂奶发生的能力仍然有限，她转过头，做好准备，但还是需要依靠妈妈把她放到合适的位置……

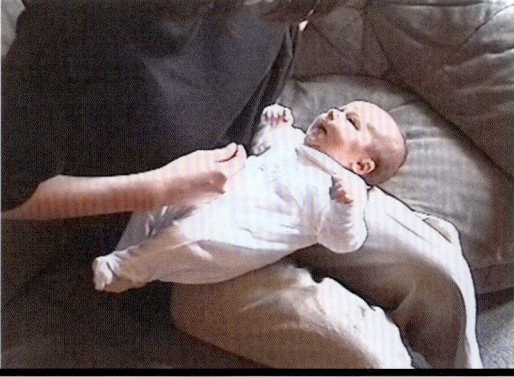

2. 西沃恩正在为喂奶做准备，埃米莉则变得激动起来，她透过种种迹象察觉并预测到重要的事情即将发生。

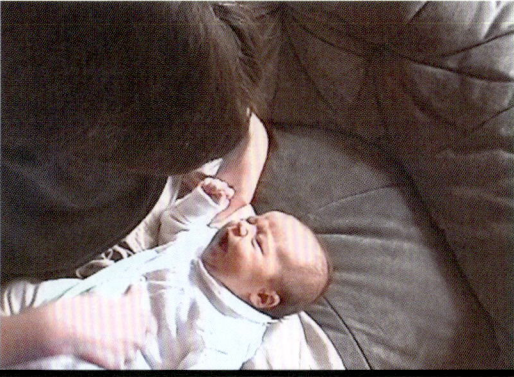

4. 接着开始啼哭。

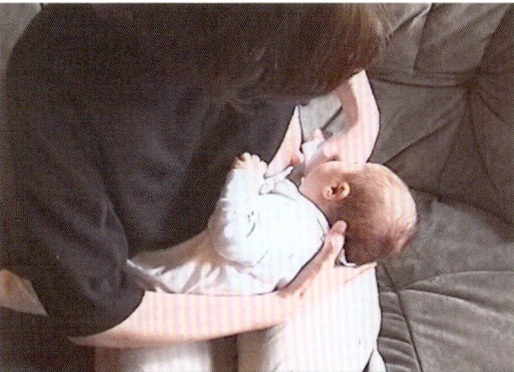

6. 当西沃恩扶住她的头时，埃米莉更加主动地将头转向妈妈的乳房，一只手向上伸过去。

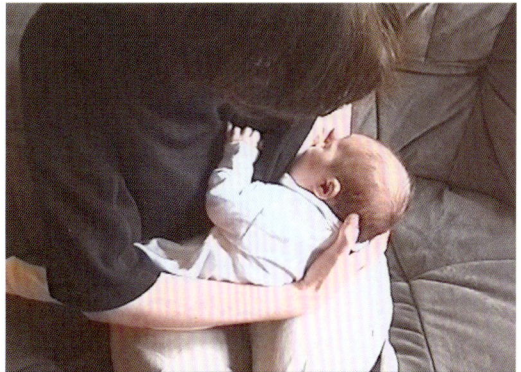

7. 很快，她就舒舒服服地吃起了奶。

📽 照片故事

熟悉日常程序能帮助婴儿预判、参与并应对延迟 2

伊桑，11 周

伊桑已经近 3 个月大，并且已经很熟悉妈妈朱莉准备喂奶的程序了。他能够利用这些程序提供的线索让自己先做好准备，即使需要等待，他也不会变得不安。

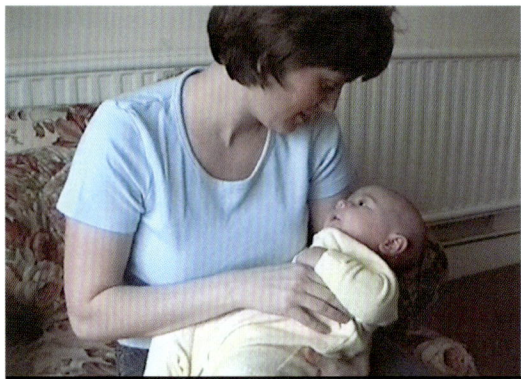

1. 伊桑饿了，朱莉于是抱着他坐在通常用于喂奶的扶手椅上。几个星期以来，母子俩已经形成了他们独有的准备程序。

4. 伊桑非常熟悉整个过程，现在他已经平静下来，等待妈妈开始调整自己的衣服。

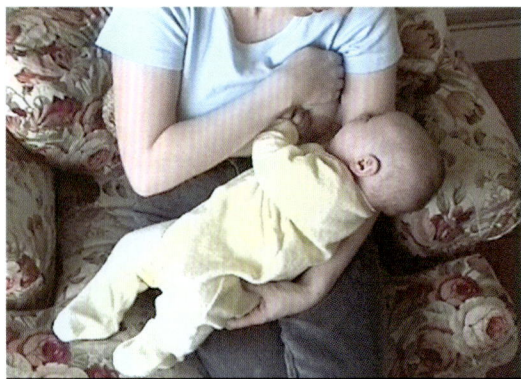

7. 然后扭动身体以找到合适的位置，同时用手扶住乳房、接近乳头……

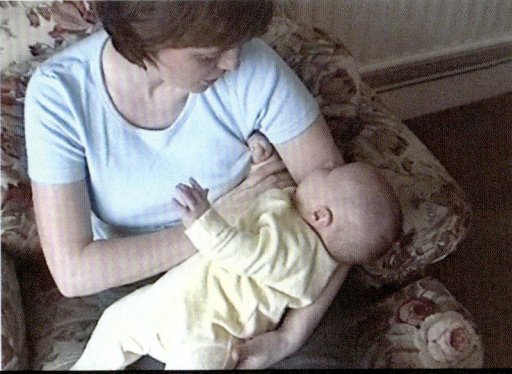

2. 朱莉在扶手椅上舒服地坐稳，将伊桑放在膝部，把伊桑的一只手塞到自己腋下。

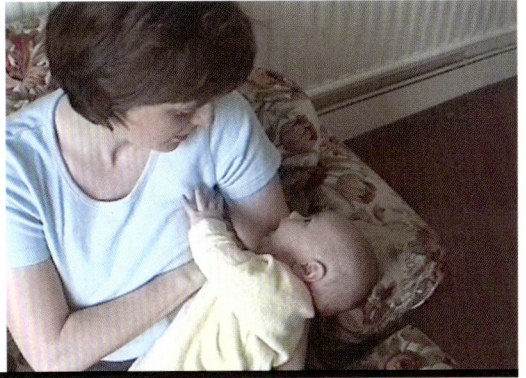

3. 对于伊桑来说，这些动作代表妈妈即将给自己喂奶，他毫不犹豫地表达了自己的兴奋之情，仰头充满期待地望着朱莉，双脚开始踢蹬。

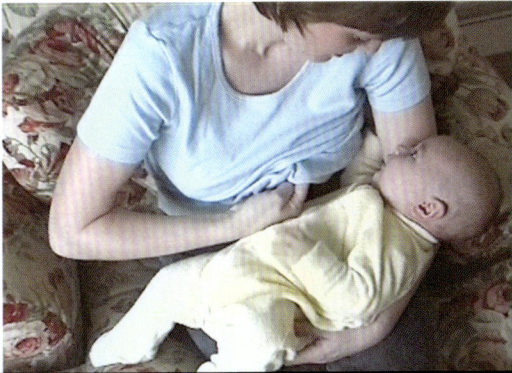

5. 朱莉的准备工作继续进行，伊桑也开始做准备，以使自己处在合适的位置。他转过头，调整姿势⋯⋯

6. 然后慢慢张开嘴巴，抬起一只手⋯⋯

8. 喂奶顺利进行。

长期发展及对父母的支持

满足婴儿及父母的需求的重要性

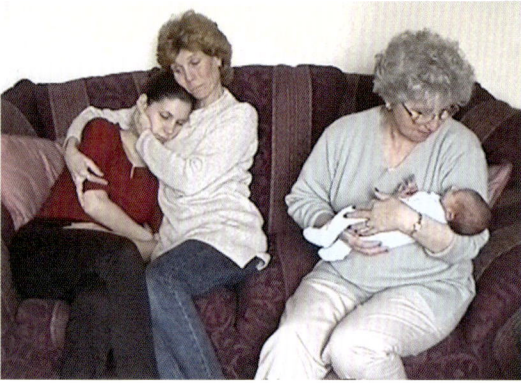

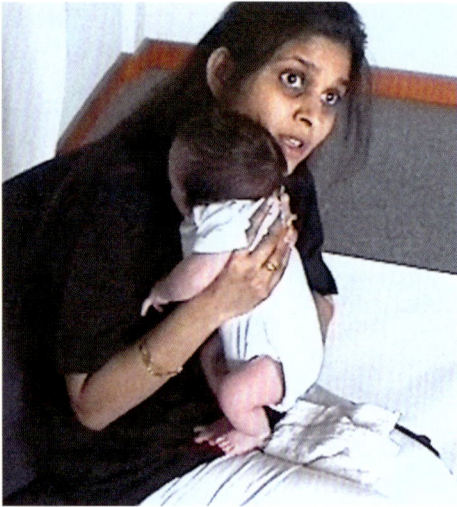

虽然父母照料孩子的模式跟婴儿出生后最初几周啼哭的时长并没有明显关联，但父母最初应对孩子啼哭的方式还是会影响孩子在1岁时啼哭的时长及安抚自己的能力。若父母能够较早地留意婴儿的感受及与婴儿的沟通方式，并以婴儿想要的方式来减轻她的不安情绪，那么婴儿此后可能就会哭得少一些。对于十分敏感及在出生后最初几周不停啼哭的婴儿来说，这些方法同样适用。照料婴儿意味着对婴儿的独特信号保持敏感，为婴儿提供可靠且可预测的照顾，帮助婴儿构建自己熟悉的世界。在这个世界里，她可以对事件的发生进行预判，可以更好地应对较短的延迟和较小的困境。

如果父母能够得到很好的支持，那么婴儿所需的各种照料自然也更容易获得。父母如果得不到他人的理解和帮助，自己的孩子又经常啼哭且敏感，他们就会感到沮丧，情绪低落。不应该让为人父母者感到孤立无援、只能苦苦挣扎，这一点非常重要。拜托亲戚朋友来分担一些家务，比如购物、洗衣、做饭，这样做无可厚非。一些父母可能也会希望自己信赖的人来帮忙照看孩子一段时间，从而让自己获得休息，提高应变能力。关于应对婴儿啼哭的问题，如果健康访视人员或者普通医师仍然无法为父母提供足够的帮助，但父母仍有获取支持的需求，父母可以考虑联系专门关注啼哭问题的自助团体。

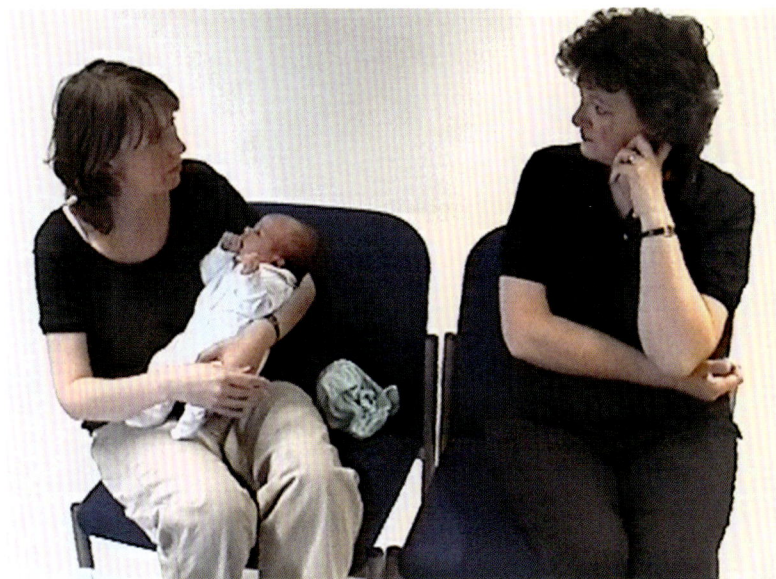

第四章

睡　眠

婴儿需要睡多久

睡眠模式的变化

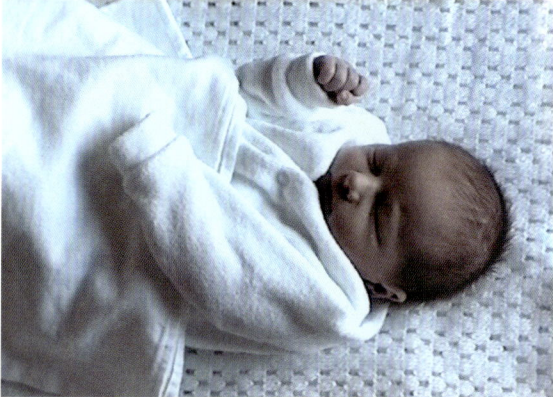

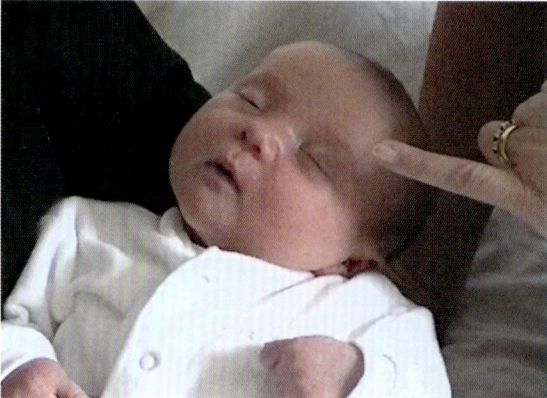

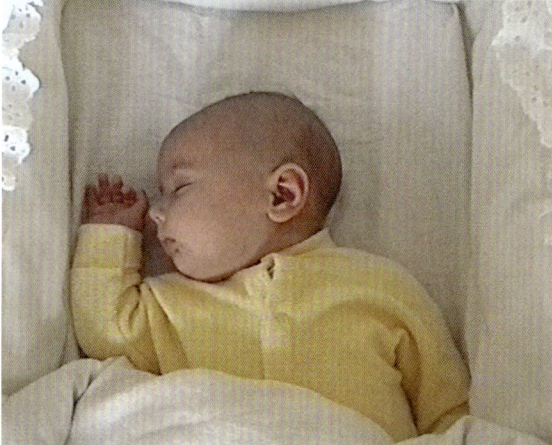

婴儿出生后的最初几周每天会睡 15 ~ 16
小时，到 3 个月时，婴儿的睡眠时间则已经
逐渐减少到 14 小时左右。然而，这只是平
均睡眠时间，婴儿每天的睡眠时间会有很大
的变化，这通常取决于婴儿是否被带出门，
以及家里有多少事情发生。不同婴儿的睡眠
时间也存在明显的个体差异，与大多数婴儿
相比，有些婴儿的睡眠时间要少很多或者多
很多。一般在孩子出生后 6 周左右，父母就
能清楚地判断孩子的睡眠时间是多于还是少
于平均睡眠时间。这些差异通常会持续下去，
总体来讲，婴儿在出生后第 1 年的睡眠时间
相当稳定。婴儿的啼哭则不同，婴儿的个体
啼哭模式在出生几个月后会发生很大变化。

睡眠周期

虽然婴儿个体与其他婴儿相比睡得少些
或多些的总体趋势相对稳定，但随着时间的
推移，婴儿的睡眠时间会发生极大的变化。
甚至在出生之前，胎儿就会有明确的作息时
间，而该作息时间通常会表现出一定的规律
性，即不同阶段会规律地出现在每天的特定
时间。这种模式可能会延续到新生儿阶段，
尤其是每天相对安静的时段，所以，初生婴
儿在晚上的睡眠时间不太可能比白天的更
长。新生儿和出生头 2 周的婴儿的整段睡眠
时间一般最长为 4 小时左右，但到了出生后
3 个月时，他们整段睡眠的时间平均会增加
到 6 ~ 8 小时，并且较长时间的整段睡眠通
常发生在夜里。

随着时间的推移，婴儿的睡眠质量也会
发生变化。新生儿的睡眠周期从快速眼动睡
眠开始，并且睡眠时间的一半处在这种状态。
快速眼动指的是眼球快速活动，可以通过观
察眼皮一阵阵颤动去发现。这样的眼球活动
通常伴随着呼吸不均匀及四肢抽动。

除了快速眼动睡眠阶段，婴儿的睡眠还
可以分为轻度睡眠阶段和深度睡眠阶段。在
婴儿出生后的最初几周，他们的深度睡眠时
长会逐渐增加，无论是婴儿还是幼儿，他们
的深度睡眠时间均远远长于成人。与处在轻
度睡眠阶段的婴儿比，处在深度睡眠阶段的
婴儿更难被唤醒，呼吸更平稳、更均匀，并
且极少活动。在婴儿的整个睡眠过程中，深
度睡眠和轻度睡眠以周期的形式交替出现。
一个完整的周期通常持续近 1 小时，持续几
秒到几分钟的觉醒期有规律地穿插其间。有
时候，当婴儿开始乱动并逐渐过渡到清醒状
态时，觉醒是自然发生的；但有时候，婴儿
处在轻度睡眠状态时会被自己较为剧烈的动
作唤醒，或者被周围发生的事情唤醒。

明确婴儿是否容易从睡眠状态被唤醒
将有助于父母安排婴儿的睡眠场所。对容易
入睡且睡得香甜的婴儿而言，白天小憩的地
方并不太重要；但对于容易被吵醒的婴儿来
说，父母或许更想为他们找个干扰相对较小
的地方。

📽 照片故事

不理会烦人的噪声

埃米莉，7周

有些婴儿能够适应重复出现的噪声，当噪声再次出现，他们能够不再理会，继续保持睡眠状态。

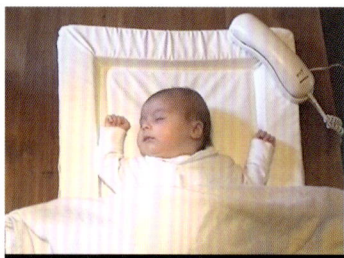

1. 埃米莉睡着了。

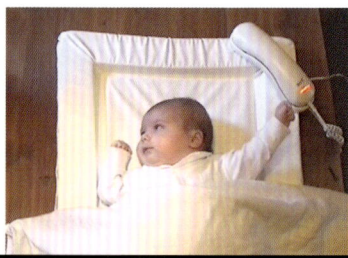

2. 电话铃把她惊醒了。

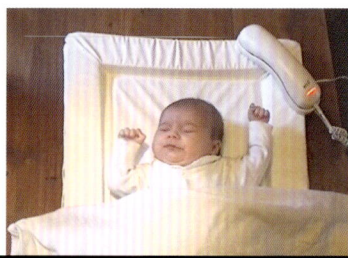

3. 铃声仍在继续，埃米莉试着不去理会……

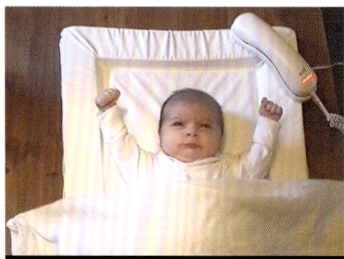

7. 直到她再次睁开眼睛。

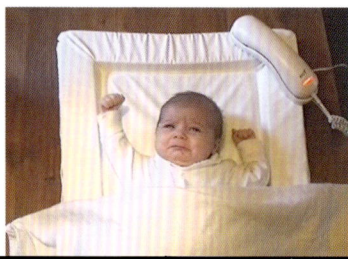

8. 埃米莉开始变得烦躁。

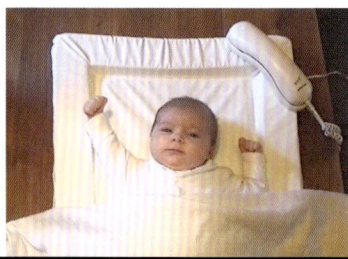

9. 电话铃停了，埃米莉放松下来……

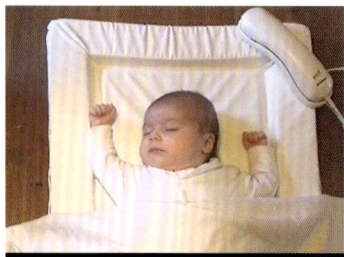

13

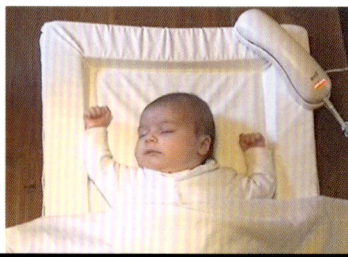

14. 电话又响了起来。这次埃米莉并没有立刻被吵醒。

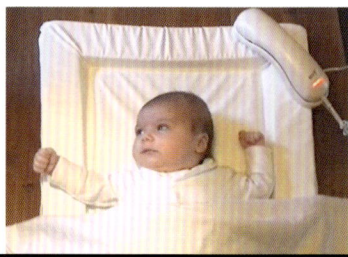

15. 她虽然被短暂地吵醒，但并没有表现出受惊或感到不安。

　　埃米莉睡觉特别香甜，能够很好地应对日常噪声（如电话铃声）的干扰。这意味着她的父母不需要考虑采取特别的措施以调整埃米莉所处的环境来确保她能够睡得安稳。

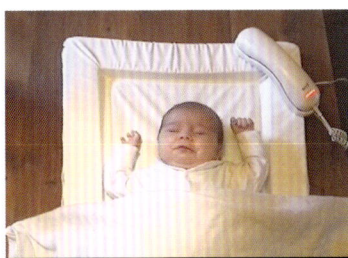

4. 但铃声仍然让她感到不安……

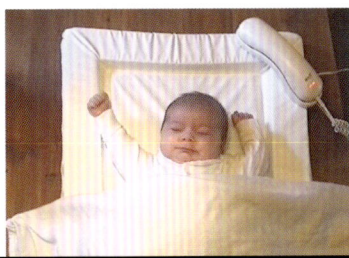

5. 埃米莉皱起眉头，做出怪样，不停地扭来扭去……

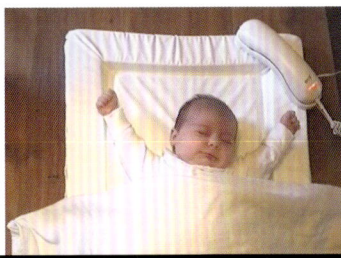

6

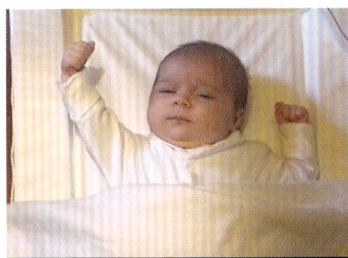

10. 自己慢慢地又睡着了。

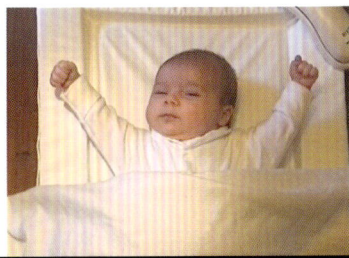

11. 父母并没有给予埃米莉额外的帮助。

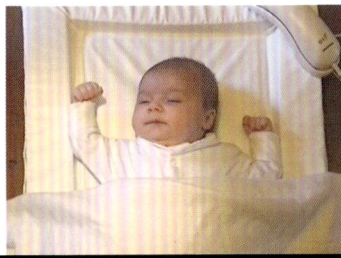

12

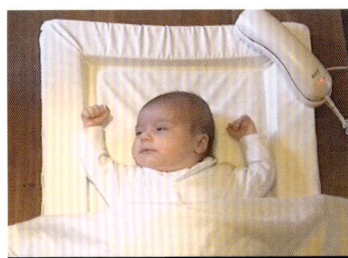

16. 电话铃声仍在响着，这一次埃米莉没有理会铃声……

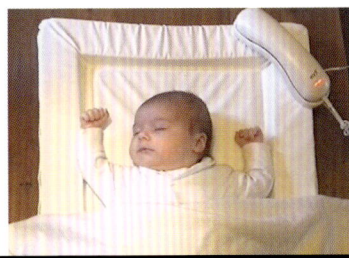

17. 而是再次沉沉地睡去。

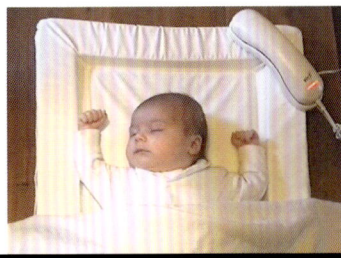

18

婴儿何时睡、在哪儿睡

使婴儿的特点与父母的偏好及生活方式相匹配

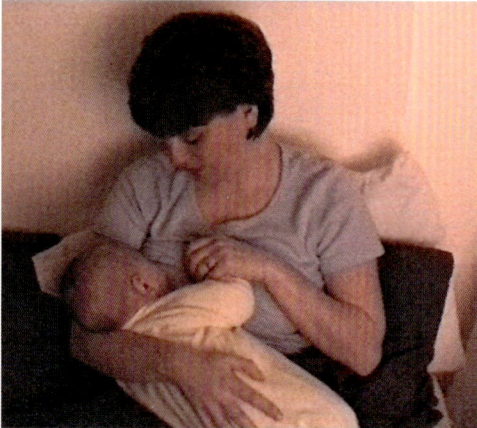

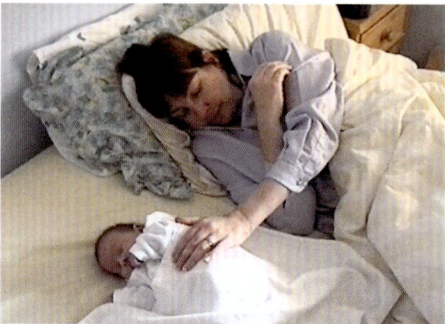

婴儿在哪睡

在不同的文化背景下，不同的父母对孩子睡眠安排的看法也存在着较大的差异。在一些文化中，特别是在很看重父母与婴儿亲密关系的文化中，孩子的独立性往往被忽视，父母通常会和孩子同床睡，并且可能会持续几年时间，例如在日本，这样的睡眠安排就很普遍。而在英国，父母通常会有不同的安排，大多数父母希望孩子在 6 个月大的时候就能自己睡，还有一部分父母则并不看重分床睡。

父母在婴儿出生后的最初几周就应该好好考虑自己对孩子睡眠习惯的看法和重视程度，因为婴儿的睡眠习惯会在前 3 个月逐渐形成。父母如果希望婴儿在夜里自己睡且不被打扰，那么在最初的几个月就得采取特殊的策略以帮助婴儿形成习惯。然而，父母最终采取何种策略很可能也受婴儿个体特点的影响。有些婴儿在缺少他人积极支持的情况下很难入睡，此时，不分床睡也许才是父母的最佳解决方案。毕竟在人类进化的大部分时间里，出于取暖和安全的需求，孩子通常是跟父母睡在一起的。（见第 147 页）

确定昼夜差异

每个婴儿出生时都有自己独特的节奏，安静和活跃的程度千差万别；当然，每个家庭也有自己的节奏。婴儿与父母会逐渐变得同步，但他们都需要一定的时间来适应彼此的节奏，在这个过程中还涉及他们之间一系列特有的交流和适应方式。对于生活模式相当稳定的家庭而言，父母和婴儿之间的互动在日常生活中会自然而然地发生，这也有助于婴儿适应父母的节奏及昼夜周期。例如，早上喂奶跟夜里喂奶很可能发生在完全不同的氛围之中。

如果是在早晨给婴儿喂奶，家里可能会有各种各样的噪声和活动，会有明亮的光线，以及吵闹的兄弟姐妹。即使是在婴儿出生后的最初几天，父母也可以通过某种交流方式跟婴儿互动，让孩子保持活跃状态。例如，喂完奶后接着换尿片，如果这个过程不会让婴儿感到不安，这可能是进行交流的绝佳机会。又或者母亲在给自己拿饮料的时候竖着抱婴儿，让她靠在自己的肩上，从而使她保持活跃的状态，以便接下来进行沟通。

对婴儿来说，夜里喂奶可能是完全不同的体验。这时的家里很可能悄无声息，光线昏暗，社交及其他活动明显减少。让婴儿睡在父母身旁，如睡在父母床边的婴儿床上，让婴儿和父母在夜间有机会感受彼此的呼吸模式和状态的改变，反复熟悉彼此的节奏。这种周而复始的日常体验会自然地将婴儿带入父母的生活节奏中。这种带入的过程最好是以婴儿自己的睡眠、清醒及吃奶的周期为前提进行。因此，婴儿如果是被叫醒后喂奶，那么其原有的周期就会被打破，其行为及睡眠模式也可能受到干扰。

帮助婴儿安睡

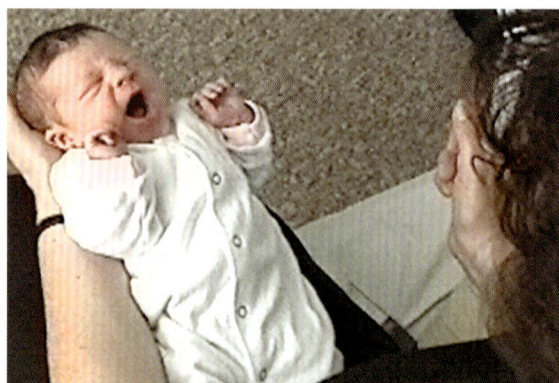

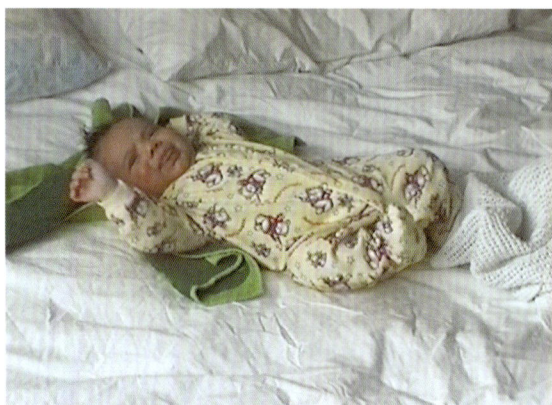

有些婴儿在任何地方都能安然入睡，在没有积极支持的情况下也能完成从清醒到睡眠的平稳过渡。对另一些婴儿而言，这种过渡却会让他们感觉有压力。注意观察孩子在该转变过程中的行为举止，这将有助于父母制定相应的策略；从长远来看，这还有助于减轻父母及婴儿所需承受的压力。

留意婴儿开始感到疲倦的信号及行为特别有用。例如，有些婴儿会转过身回避刺激，有些则可能变得烦躁不安甚至恼火，有些则可能只是望着周围并犯困。观察婴儿疲倦时的独特行为方式能帮助父母判断该在何时为他们的顺利入睡做准备。如果父母始终能把婴儿疲倦的信号与帮助他们入睡的程序关联起来，那么他们将来就会以这一程序作为自己应该静心入睡的信号。

可能有用的策略

在婴儿出生后的最初几周，他们通常睡着后才会被放进婴儿床里，而等到出生后3个月左右，大多数婴儿就会在醒着时被放到他们睡觉的地方，因为这样有助于婴儿安睡整晚。

如前文所述，帮助婴儿进入睡眠状态的方法和策略林林总总，其目的都是为了帮助情况各异的婴儿（从入睡相对容易的婴儿到入睡相对困难的婴儿）入睡。之所以要强调这些策略，是因为考虑到一个事实，即许多父母希望找到一种方法来帮助孩子解决睡眠问题。从长远来看，这些策略并不包括父母给予孩子直接的物理支持（如把婴儿抱在怀里摇晃，或者把婴儿放在婴儿床上轻拍，又或者给婴儿喂奶）。其实，父母更希望帮助婴儿建立他们自己的策略，让他们能够心满意足地自己入睡；而对少数的父母来说，能

够跟入睡的婴儿有亲密接触会令他们感到非常欣慰。以下列举的一些策略或许能够帮助婴儿顺利入睡。

1. 借助视觉和听觉

有些婴儿几乎不需要父母的直接支持，他们仅通过观察周围的事物就能让自己平静下来。父母如果发现孩子有这样的特点，可以在孩子开始表现出疲倦时让她平躺在婴儿床上，并在其视野范围内放置能吸引她注意力的图案。将可移动图案悬挂在婴儿焦点范围之内——尤其是那种视觉反差及边缘都很明显的图案——可能会起到很好的效果；在婴儿床边放置绘有图案的图板也可能会吸引他们的注意力，让他们安然入睡。其他容易平静下来的婴儿则可能是因为受到听觉刺激而安睡，父母可以在他们躺在婴儿床上的时候播放音乐。

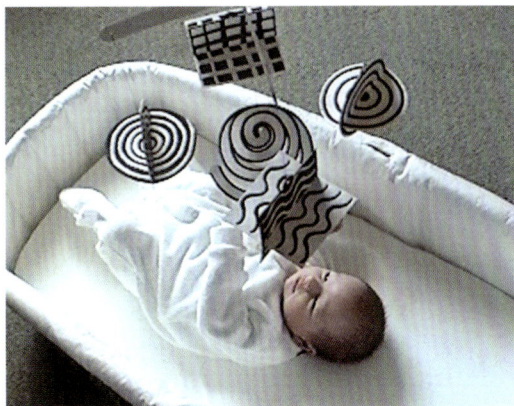

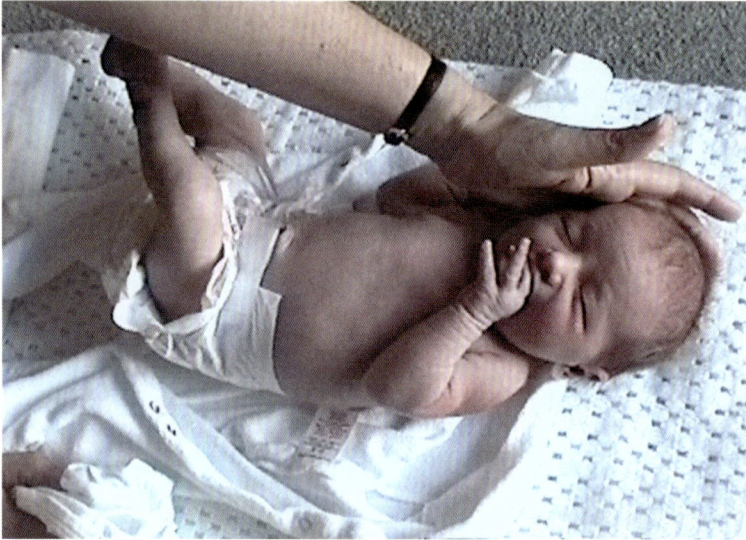

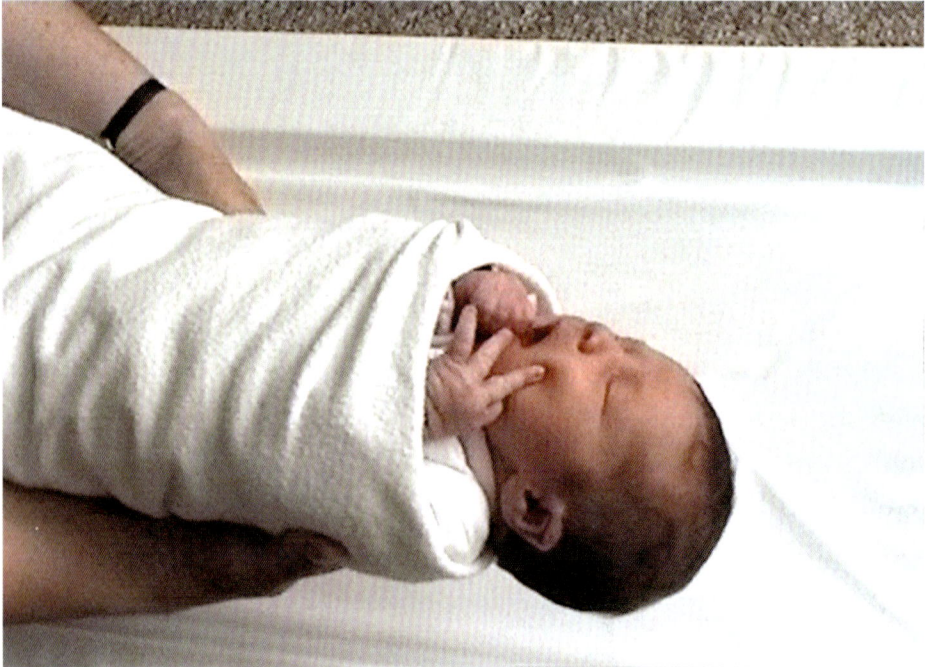

2. 借助吸吮

有些婴儿需要更多的身体接触所带来的主动刺激才能顺利入睡，例如许多婴儿会在吸吮时放松下来。这种情况可能会让"按需"哺乳的妈妈们感到困惑，因为她们很可能会误解婴儿发出的信号，以为孩子是饿了。在这种情况下，母亲很可能会主动喂奶，婴儿也确实会吸吮并变得平静，进而顺利入睡。建立这种模式的潜在问题是婴儿会逐渐适应该模式，他们此后如果不吸吮乳房便很难入睡。一部分家庭并不认为这么做有任何问题，并且很乐意将其发展为常规模式；然而另一些家庭则希望避免建立这种模式，在这种情况下，父母则需要考虑如何以其他模式支持婴儿通过吮吸来安抚自己的倾向，当然父母首先要核实婴儿是否真的饿了。

随着父母在照料婴儿方面的经验的逐渐积累，他们将能够慢慢区分婴儿吸吮方式的差异。婴儿如果在父母伸出手指时既没有寻乳的举动也没有用力吮吸，那么不必喂她，父母只需帮助她完成安慰吸吮或许就能给予她顺利入睡所需的支持。有些婴儿会满足于吸吮自己的拳头。有些婴儿可以自己完成吸吮，那么当他们感到疲倦时，父母把他们放到婴儿床上就好，不需要采取任何特殊策略来帮助他们吸吮。有的婴儿在出生后的最初几周只有在被包裹的情况下才能找到自己的拳头，当然，包裹完成后他们的拳头要置于嘴巴附近。婴儿如果无法实现这样的自我控制，而吸吮又是其调节状态并安然入睡的重要方式，那么父母或许可以考虑使用奶嘴来帮助他们。

3. 借助襁褓

有些婴儿需要更直接的身体支持才能顺利入睡，但是急促的手臂动作也很容易把婴儿从睡眠状态中惊醒。直到几年前，依然有人鼓励父母让婴儿趴着睡觉。趴着睡觉的确可以避免婴儿做出急促的动作，能够让婴儿安然入睡且没有中断，但不幸的是，让婴儿趴着入睡会增加婴儿猝死的风险。事实上，自从发起让婴儿仰卧入睡运动以来，猝死婴儿的数量已经减半。因此，让婴儿趴着睡觉不再是父母可以冒险尝试的选择。

当然，还有其他方法可以达到让婴儿安静下来的目的，尽管它们更加复杂。用襁褓包裹婴儿是一种古老的方法，时至今日，这种方法仍然可以有效安抚婴儿。婴儿的双臂被轻柔地包裹着，因此不太可能突然伸出来而使自己被惊醒。然而，需要特别注意是，不能因为包裹而让婴儿感觉太热，因此父母应该进行反复确认。建议使用棉质薄被单包裹婴儿而不是使用毯子。父母还应该考虑到室内温度，以确定婴儿是否穿得太多，是否需要盖其他东西。还有很重要的一点是不要盖住婴儿的头部。被包裹在襁褓里的婴儿最好保持仰卧睡姿，如果婴儿无法安静下来，那么先让她侧卧可能会有帮助，直到她顺利入睡。在这种情况下，要将婴儿的前臂置于身前，以防她翻滚成俯卧姿势。不要使用靠垫或其他支撑物，因为它们可能会导致婴儿的体温上升。

📽 照片故事

熟悉不同的觅食反射和吮吸行为

伊莎贝尔，1周

父母经常分不清楚婴儿究竟是饿了还是想通过吸吮来安抚自己。观察婴儿刚吃过奶（此时不饿）和将要吃奶时的行为可以帮助父母认清婴儿发出的信号的含义，父母以后便可以利用这些信号来做判断。

A. 非饥饿状态

B. 饥饿状态

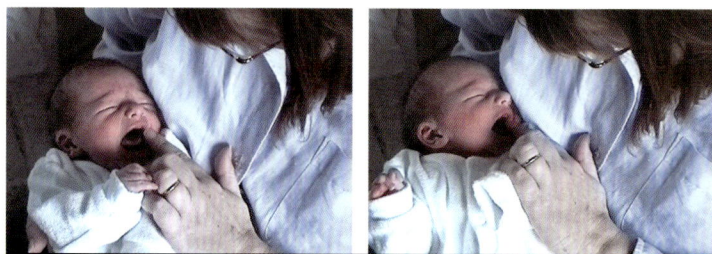

4. 妈妈又把手指放在伊莎贝尔另一侧的嘴角……

5. 伊莎贝尔扭头的动作又快又有力。

1. 伊莎贝尔刚吃过奶。莉斯教伊莎贝尔的母亲海伦如何验证觅食反射。海伦先把手指轻轻地放在伊莎贝尔一侧的嘴角……

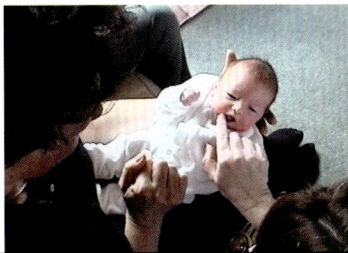

2. 再放在另一侧的嘴角，2次试探都没有引起伊莎贝尔的转头或觅食反射。

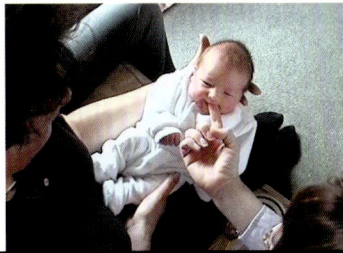

3. 吸吮妈妈的手指时，伊莎贝尔似乎兴趣不大——海伦能感觉到伊莎贝尔其实并不饿。

1. 过了一段时间，伊莎贝尔哭了起来。

2. 海伦此时把手指放在伊莎贝尔一侧的嘴角，小家伙转过头……

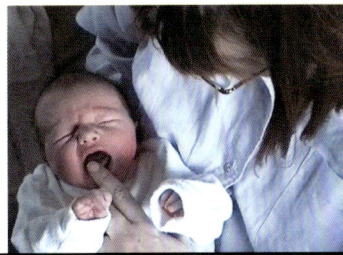

3. 急不可耐地要把手指含进嘴里。

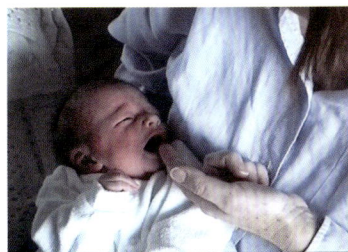

6. 伊莎贝尔张大嘴巴，把妈妈的手指含在嘴里。

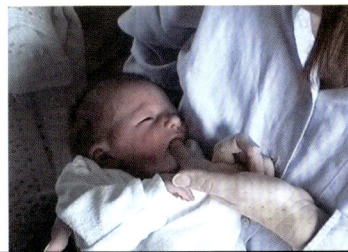

7. 她这次吸得猛且含得深，和上次完全不同。

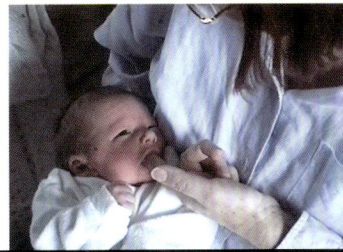

8. 海伦感觉伊莎贝尔真的饿了，已经做好吃奶的准备了。

📹 照片故事

用襁褓包裹

娜塔莎，1 周

有些婴儿偶尔需要额外的支持和安慰才能平静下来，然后进入休息或睡眠状态。用襁褓包裹婴儿的现行准则是确保婴儿不会感觉太热。

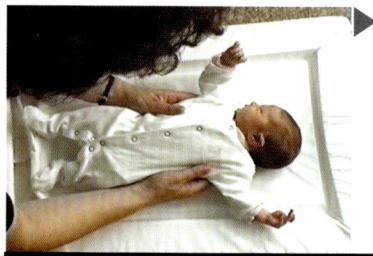

1. 娜塔莎只裹着尿布，穿着连体服。她仰面躺着，有些烦躁，两臂舞动着，却没能把手放到嘴边吮吸以安抚自己的情绪。

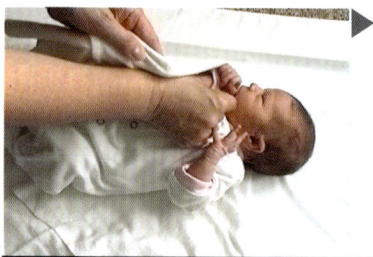

安全小贴士

- 脱掉婴儿所有多余的衣服；

- 使用被单而不是毯子；

- 确保被单没有裹住婴儿的头部；

- 将婴儿的手臂抬起置于胸前，这样她才可以自由扭动手臂；

- 不要让婴儿俯卧；

- 不要使用靠垫或其他支撑物来固定婴儿的位置；

- 仅在周围温度需要的情况下加盖其他东西。

5. 与此同时，莉斯慢慢用被单裹住娜塔莎的手臂……

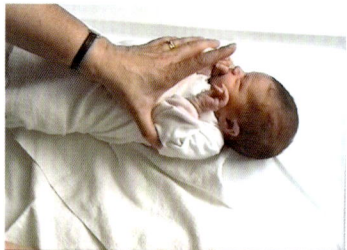

---

9. 包裹的过程在左侧再来一遍。莉斯确保娜塔莎的双手都靠近嘴巴。

10. 莉斯轻柔地将被单的另一侧也紧紧裹在娜塔莎身上。

11

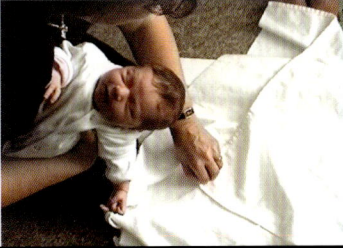

2. 莉斯拿了一张婴儿用被单，把它折成较宽的三角形。

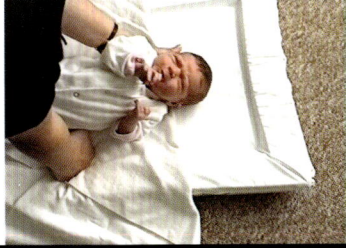

3. 她小心翼翼地把娜塔莎放在被单上，使其颈部与被单顶端齐平。

4. 由于此时娜塔莎的右臂已经接近自己的胸部，莉斯便从这支手臂开始，轻柔地将娜塔莎的手牵引到娜塔莎的嘴边。

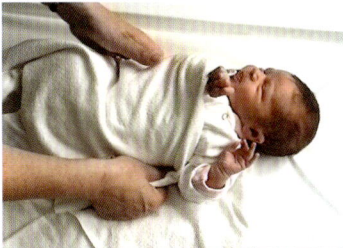

6. 然后是她的身体。

7. 莉斯将被单的一角牢牢地塞到娜塔莎的身下。

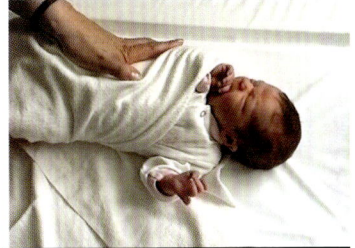

8. 现在，娜塔莎的右臂被安全地包裹住了。

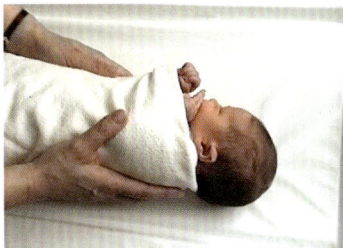

12. 被单的另一角也被压在娜塔莎的身下。

13. 娜塔莎的手有足够的空间，可以把手从嘴边移开。

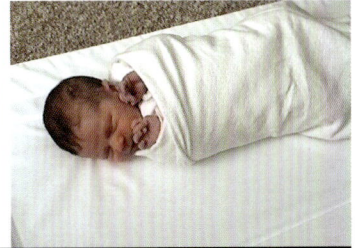

14. 被单的包裹也给了娜塔莎足够的支持，让她能够再次轻松地找到双手，吸吮它们以安慰自己。

📽 照片故事

借助襁褓入睡

娜塔莎，3 周

　　傍晚，朱丽叶很难把娜塔莎哄睡，娜塔莎似乎需要很多身体方面的支持才能入睡，因此朱丽叶每天晚上都要抱着她长达 45 分钟之久才能把她哄睡。朱丽叶即将回到工作岗位，她担心自己现在能够勉强为之的事情在几周后将无法完成，因此她急需找到其他解决方案。

　　莉斯注意到朱丽叶的拥抱对娜塔莎的入睡很有帮助，拥抱能给予娜塔莎正面的支持和温暖。考虑到朱丽叶迫切需要摆脱这种复杂的哄睡方式，莉斯建议她观察娜塔莎对宽松的襁褓有何反应，因为襁褓提供给婴儿跟拥抱相似的支持。事实上这很有效，娜塔莎不到 10 分钟就酣然入睡。娜塔莎因为过去一直需要主动的身体支持才能入睡，所以当她面对目前这种情况时，莉斯认为除襁褓之外娜塔莎可能还需要手提供一些包容感。莉斯也认定，开启这套新程序时最好让娜塔莎侧躺，这样她将能够吸吮自己的拳头。当娜塔莎最终适应了襁褓并不再需要被抱着摇晃时，朱丽叶就可以借助襁褓让她仰卧着睡觉了。

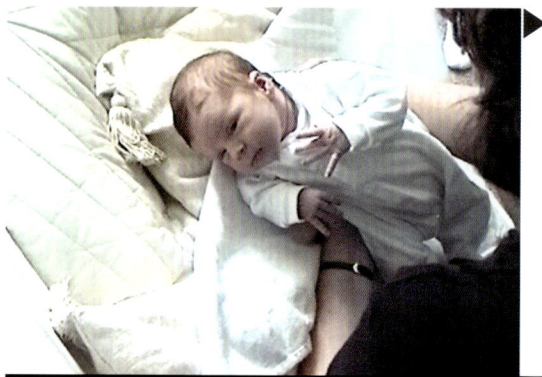

1. 娜塔莎开始表现出疲倦的迹象，于是莉斯把她抱到叠好的被单上，准备把她包裹起来。

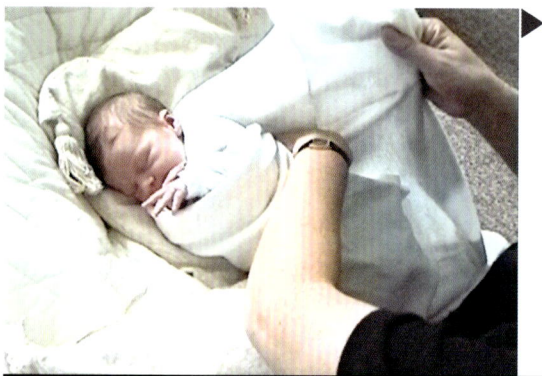

4. 莉斯把被单的一侧塞好，准备用另一侧再次裹住娜塔莎。与此同时，娜塔莎继续心满意足地吸吮着拳头。

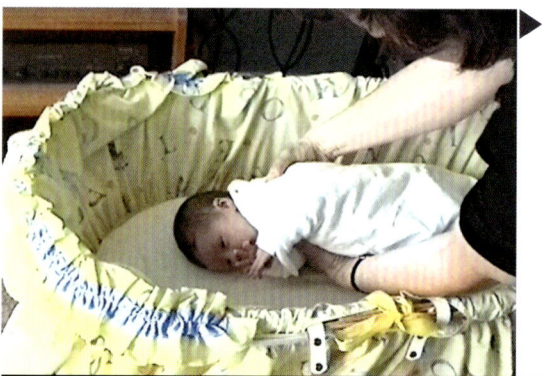

7. 娜塔莎还醒着，有点不安。在这种情况下，莉斯没有把她的拳头从嘴边移开，没有打断她的吸吮，而是让她保持可以继续吮吸的姿势。

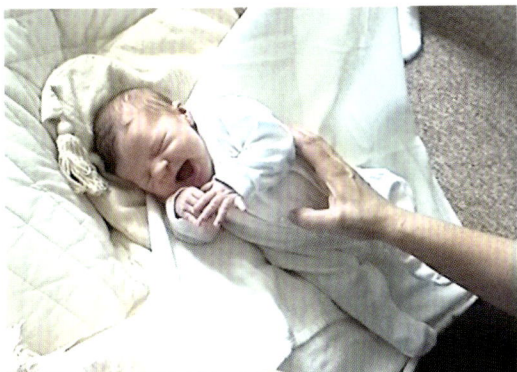

2. 娜塔莎变得烦躁起来，想要找到自己的拳头。

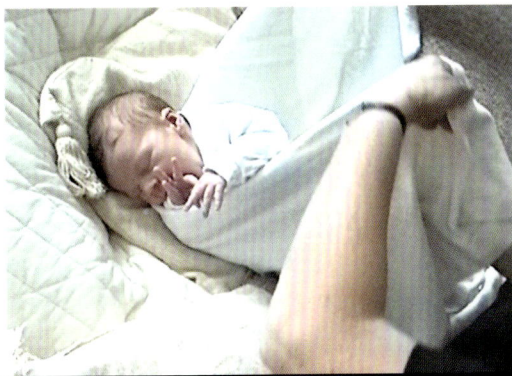

3. 莉斯折起被单，裹住娜塔莎的胳膊，使她能够找到自己的拳头，小家伙立即开始吸吮拳头。

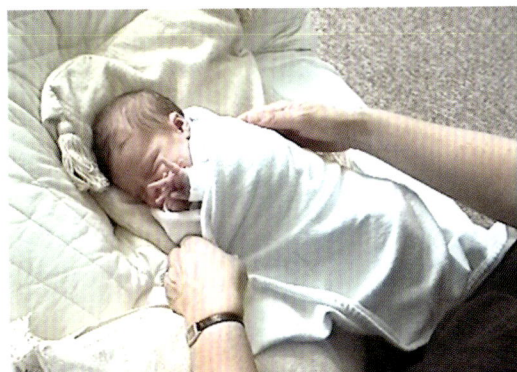

5. 娜塔莎很敏感，用被单包裹和挪动她时她会做怪样……

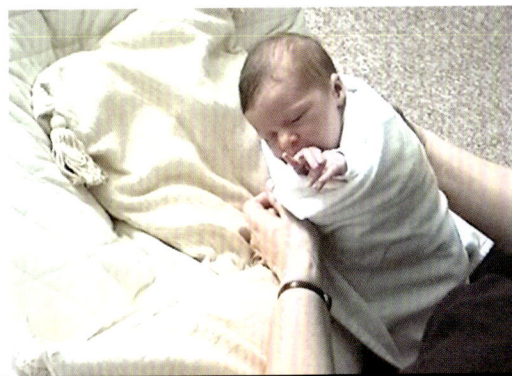

6. 但此刻她正专注地吸吮着拳头，十分平静。

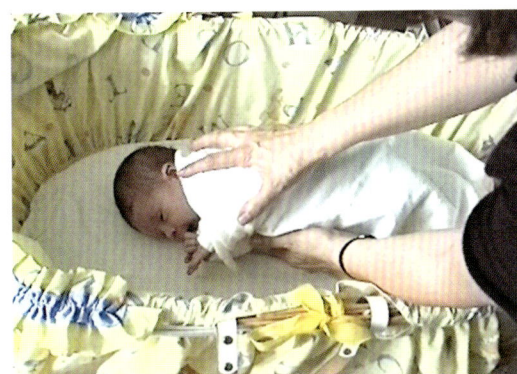

8. 莉斯知道，娜塔莎之前需要大量的支持才能平静下来，所以始终用手稳稳地扶着她。

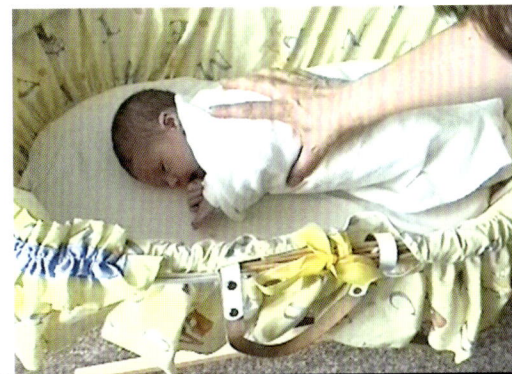

9. 娜塔莎逐渐平静下来了。

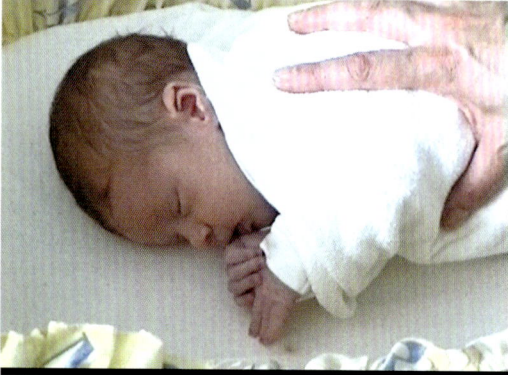

10

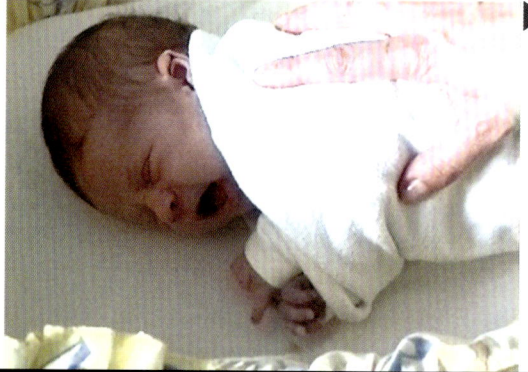

11. 但事情并非那样简单：娜塔莎又醒了，想再次找到自己的拳头。

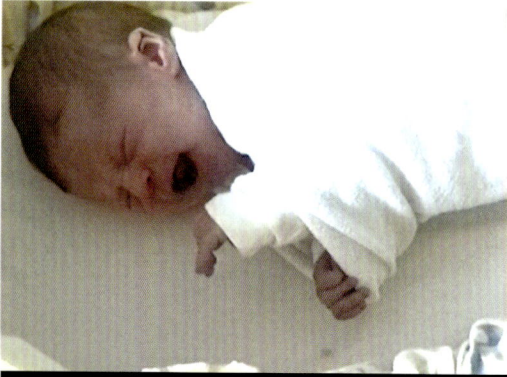

14. 但娜塔莎仍然很不安。

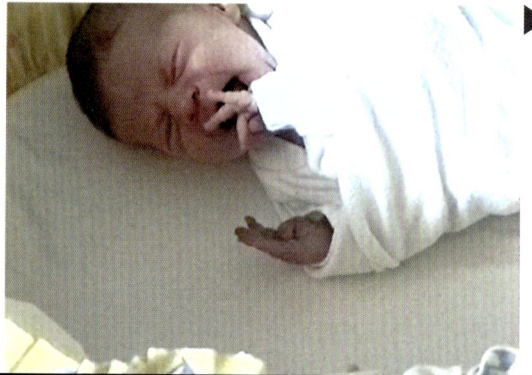

15

18. 娜塔莎终于顺利入睡。

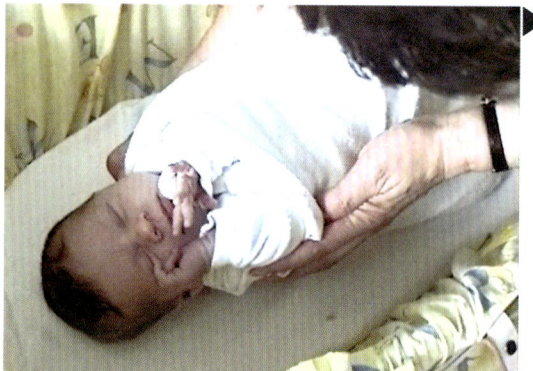

19. 因为娜塔莎可能会翻身变成俯卧姿势，所以莉斯将她翻转过来，让她仰卧着睡觉。

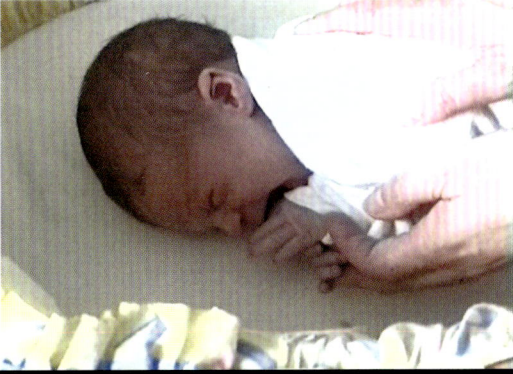

12

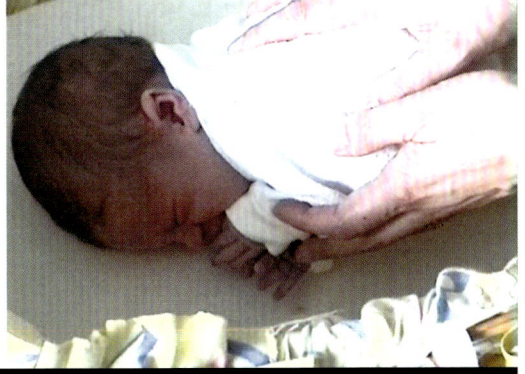

13. 莉斯试着帮她吸吮到拳头。

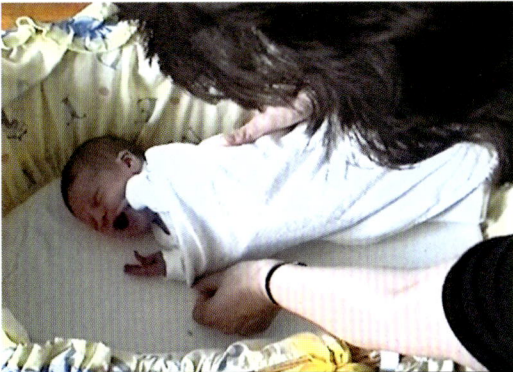

16. 莉斯再次伸出一只手安抚她的后背，这样做或许会让娜塔莎镇静下来。

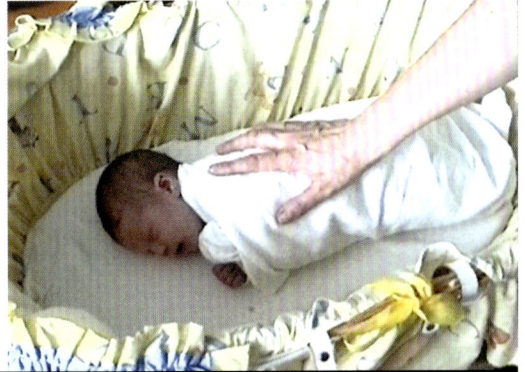

17. 莉斯的安抚奏效了。

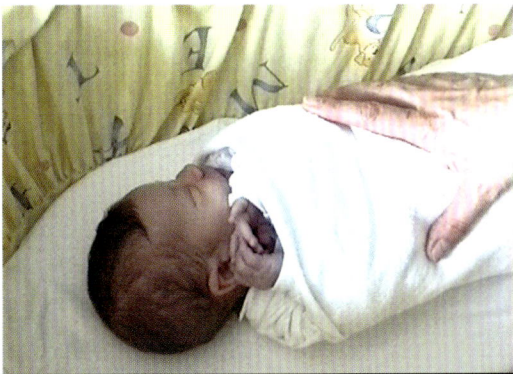

20. 整个翻转过程中莉斯始终用手扶着娜塔莎。

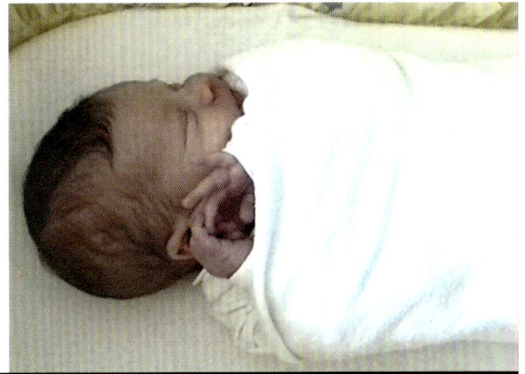

21. 被包裹进襁褓只有 10 分钟的时间，娜塔莎已经睡得很香了。

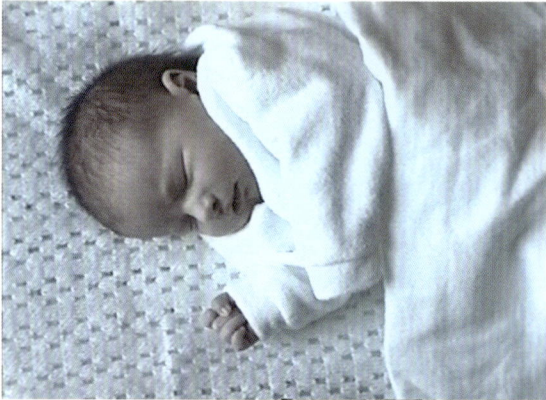

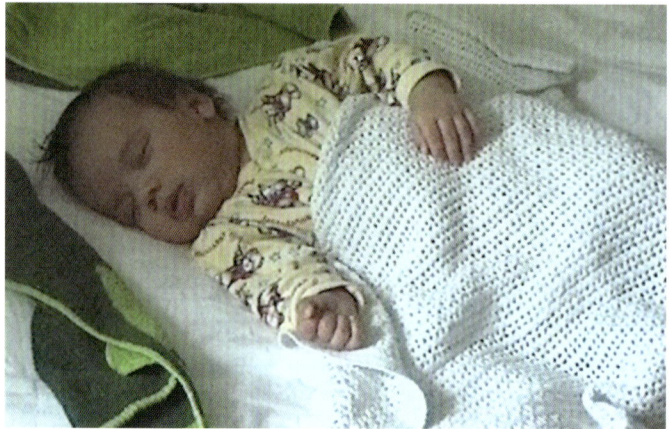

4. 多种策略联合作用

一些婴儿，尤其是那些疲倦了马上就行为紊乱、变得不安的婴儿，需要更强烈的支持才能平静下来，继而入睡。这些婴儿在出生后的最初几周通常对环境的细微变化极其敏感，这对父母来说是极大的挑战。然而，随着父母对孩子的了解逐渐加深、知道他们究竟遇到了哪些困难后，父母也将能更好地给予孩子所需的支持。这样的婴儿可能需要多种支持策略的共同作用，例如同时利用襁褓和摇晃来使婴儿平静下来。

出生几周后，婴儿的不安情绪逐渐减轻，父母即便不给予较高程度的支持他们也能随着自身能力的增强而顺利入睡，此时父母可以相应地调整对婴儿的护理方式，在他们不直接参与的情况下帮助孩子找到对策。

5. 借助减少刺激的方式

有些婴儿需要积极的刺激或支持才能安然入睡，但有些婴儿则与他们不同——刺激会令他们不安甚至变得更加烦躁，减少刺激反而能起到更好的效果。可以把这样的婴儿带进半明半暗的安静房间，放到婴儿床上，让他们免受任何刺激。即使在最初几分钟他们会有些不安，但这样的策略其实能够帮助他们逐渐平静下来，进入睡眠状态。

一些父母受自己当年的经历及旧的观念的影响，认为减少刺激的策略很难奏效。他们感受到的强烈不安让他们根本无法相信婴儿能够自己处理这一切。如果婴儿真的很不安，父母有这样的顾虑也不足为奇。然而，父母不妨将自己的顾虑暂时搁置，仔细倾听婴儿发出的声音，试着辨别这些声音的特质。如果父母所听到的声音只反映出婴儿较低程度的不安情绪，且只持续了较短时间，父母无须紧急应对。与更加积极的干预相比，这种减少刺激的策略带给婴儿的压力反而相对较小。

📽 **照片故事**

婴儿疲倦时对刺激的敏感性

扎克，7周

　　扎克累了，他因此而变得更加不安和烦躁。在这种状态下，他对刺激特别敏感，窗外光线的变化乃至微弱的背景噪声都令他不安。触摸的安抚方式同样令他不安，只有当刺激减少时，他才逐渐平静下来且安然入睡。

1. 扎克度过了一个忙碌的上午，非常疲倦，他被放在父母的床上，迟迟无法平静下来，透过窗户射进来的光线吸引了他的注意力。

4. 尽管光线让扎克感到不舒服，但他的注意力再次被吸引……

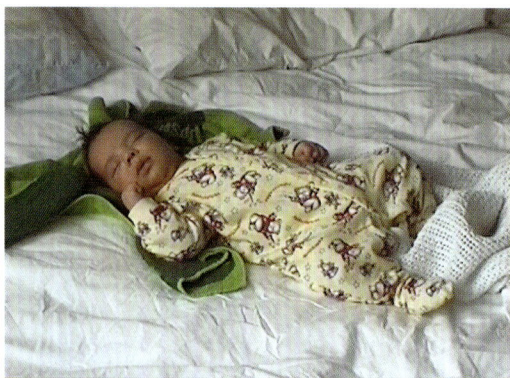

7. 扎克睡了一会儿……

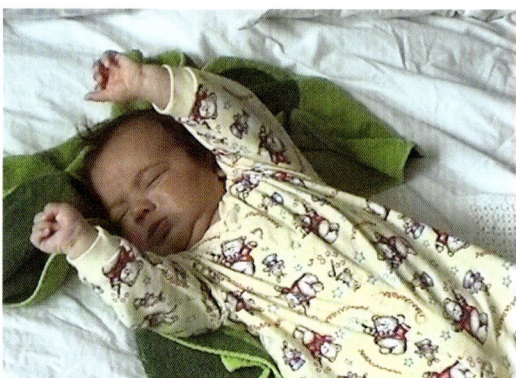

8. 但仍然不太安稳……

2. 明亮的光线让扎克有些烦躁，他变得焦躁不安，舞动着双臂。

3. 他扭过脸去，但仍然很烦躁。

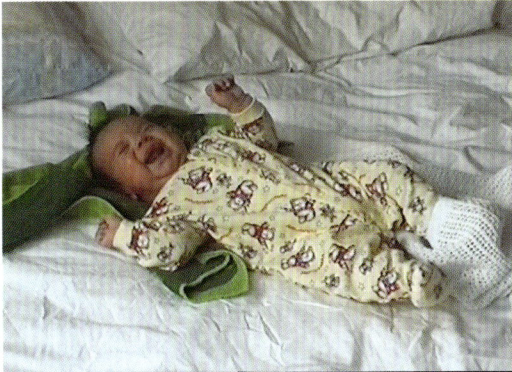

5. 而他的不安情绪仍在持续。

6. 扎克逐渐进入睡眠状态，自己的惊起动作和照在脸上的光线还是很容易把他唤醒。

9. 很快就被惊醒了。

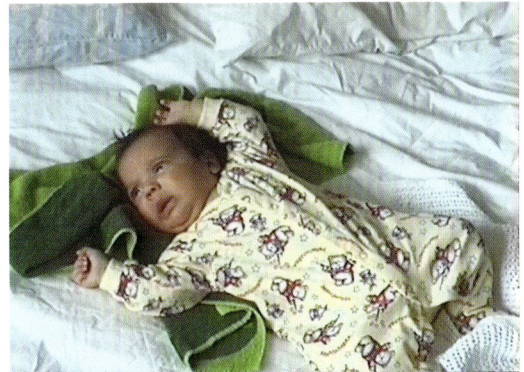

10. 扎克惊醒后，注意力又一次被光线吸引，他既想看着窗户……

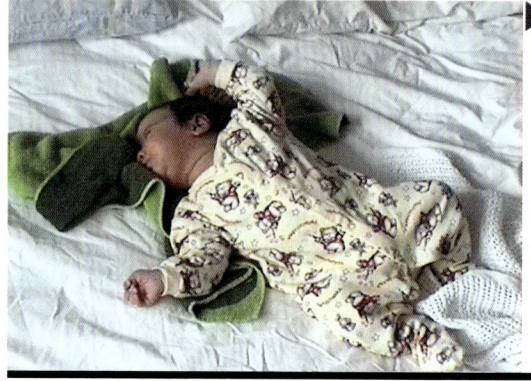

11. 又想避而不看。

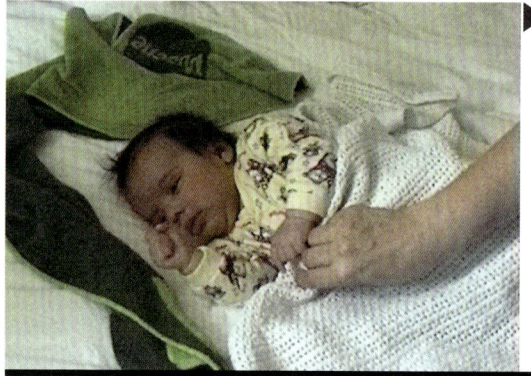

14. 然后略微调整扎克的姿势以使他不再继续平躺着，因为仰卧时孩子总会挥舞胳膊。此时扎克稍微偏向右侧卧，右臂是完全伸展开来的，所以他没有翻成俯卧的危险。

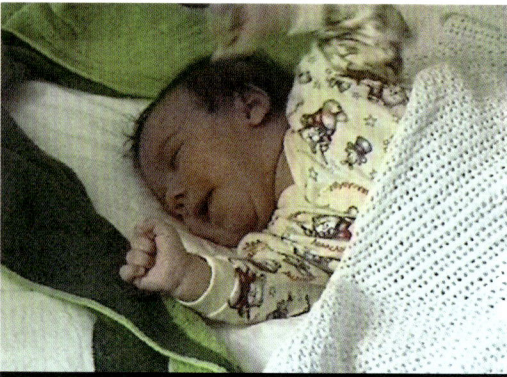

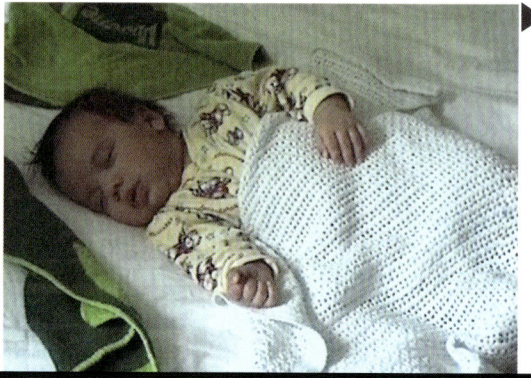

18. 莉斯和比娜离开房间后，扎克再次平静下来。

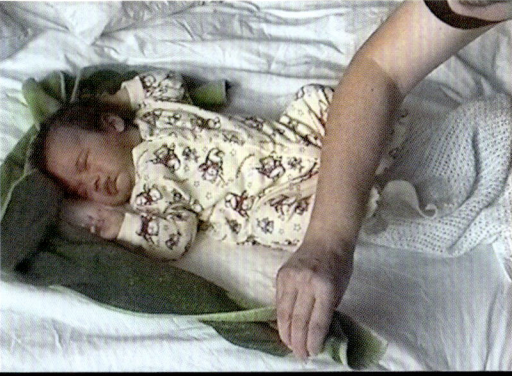

12. 扎克不安的举动引起了妈妈比娜还有莉斯的注意，两个人过来帮助扎克。

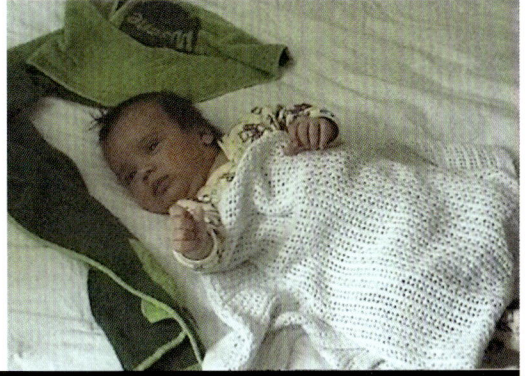

13. 莉斯拉上窗帘。

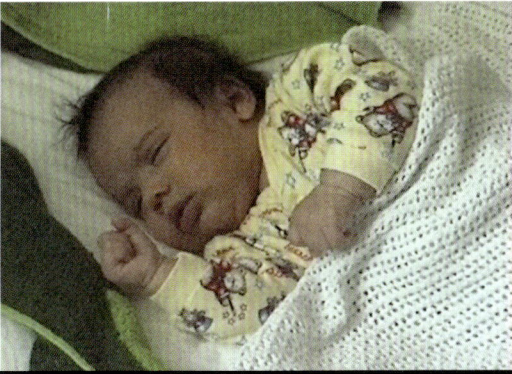

15. 扎克闭上了眼睛。

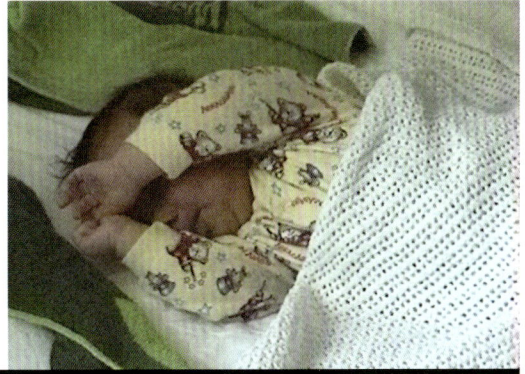

16. 但是莉斯和比娜低声探讨的声音还是让扎克感到不安。

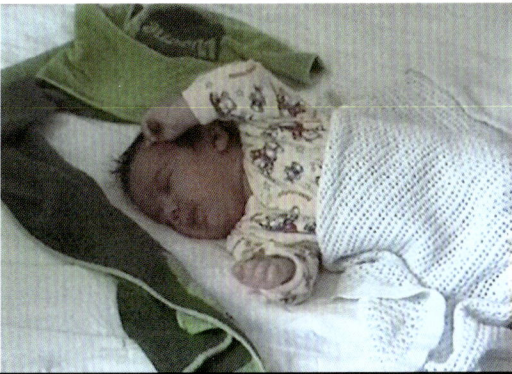

19. 清洁工人在屋外清理垃圾的声音尽管很小，但还是让扎克吃了一惊。

20. 当所有刺激（光线和声音）全部停止后，扎克终于进入梦乡。

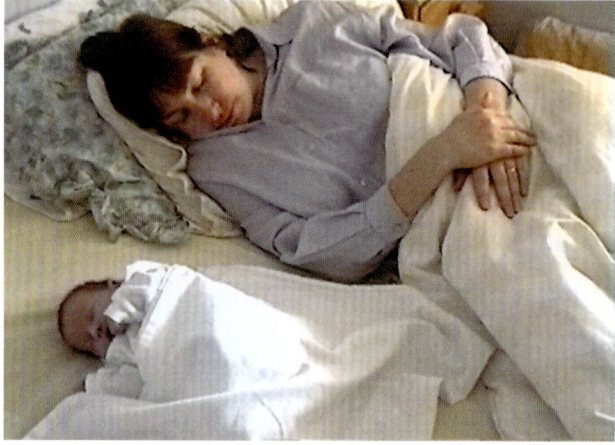

6. 借助同床睡的方式

婴儿如果只有借助密切的身体接触才能轻松入睡，父母往往会选择跟孩子同床睡。这不足为奇，正如前文提到的那样，在一些文化中，和孩子同床睡被视作理所当然的做法。近些年，人们对父母与婴儿同床睡持有和让婴儿俯卧入睡类似的担忧，即同床睡是否有引发婴儿猝死的风险。因此，我们建议父母让未满 3 个月的婴儿睡在婴儿床上，只在喂奶时把婴儿抱到自己床上，这才是最安全的做法。尽管如此，某些父母仍然希望跟孩子同床睡，如果他们选择这样做，就应该采取一些预防措施。

父母和孩子在合适的条件下同床睡会出现怎样的情况呢？相关研究表明，父母倾向于整夜监控婴儿的姿势和体温，并在无意识的情况下不断予以调整，以确保婴儿能够正常呼吸并且不会感觉太热。例如，当婴儿因感觉热而逐渐改变姿势或者翻来覆去时，父母可能会在毫无意识的情况下掀开她身上的被单帮助她降温。哺乳也可以在同床睡的期间进行，几乎不会干扰其他任何人，而且父母通常不会觉得自己的睡眠受到了扰乱。

然而，父母监控孩子的能力一旦有所下降，孩子则很可能面临风险。例如，如果父母因过度疲倦、喝了酒或者服用药物而比平时睡得更沉，他们可能会无法根据孩子的行为来微调自己的行为。相似的问题还有，如果床上的空间有限且盖的东西（如羽绒被）又很厚重，或者父母的体重严重超标，都可能导致婴儿感觉太热。父母尤其要避免和婴儿一起睡在沙发上。总之，无论同床睡是出于父母偏好的家庭生活方式，还是解决不能平静的孩子问题的理想方式，父母如果决定和孩子同床睡，都要尽可能确保婴儿的安全。

安全小贴士

同床睡有很多好处，如果你真的希望跟孩子同床睡，
切记要把孩子的安全放在第一位，并采取以下预防措施：

- 你对孩子行为的敏感度如果会受到过度疲倦、酒精、药物的影响，不要跟孩子同床睡；
- 确保婴儿不会因为被包裹得太紧、父母严重超重、床的空间有限、盖的东西太厚而感觉太热；
- 不要在婴儿附近放置枕头或靠垫；
- 不要跟孩子一起睡在沙发上。

📽 照片故事

哺乳才能入睡

埃米莉，7周

　　婴儿在吃奶的时候很容易睡着，此时，父母可以轻松地把睡着的婴儿放到婴儿床上。这种情况虽然在婴儿出生后的最初几周很普遍，但如果这种模式持续数月之久，那么婴儿在夜里醒来时或许也会需要依赖哺乳才能入睡。除非婴儿和父母同床睡，否则这样的情况会让父母不胜其扰。

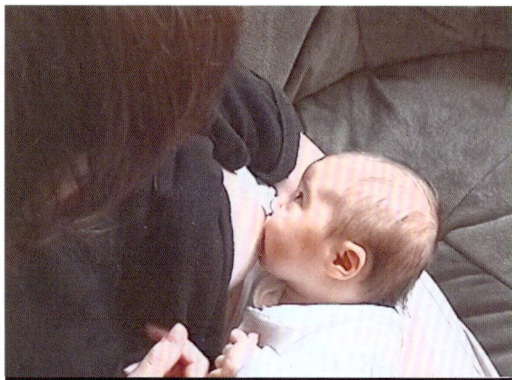

1

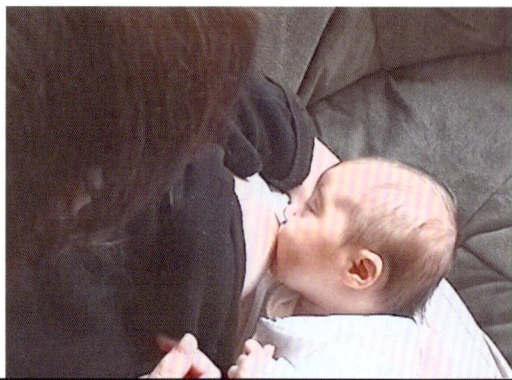

2

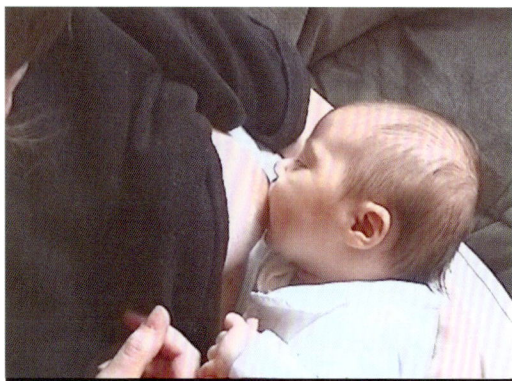

3

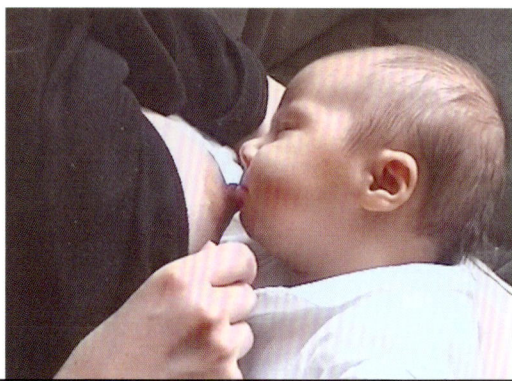

4

一觉睡到天亮

初生婴儿会在夜里醒来吃奶，但等他们长到 3 个月大后，大约 2/3 的婴儿能够不哭不闹一觉睡到天亮（当然，正如前文描述的那样，他们会周期性醒来，但他们会自己再次睡着）。太热或者太冷都会让婴儿难以睡整晚，可能影响婴儿睡眠的还有鼻塞、又湿又冷的尿布、别扭的睡姿及皱巴巴的床单。但是，即使这些问题都不存在，一些婴儿（10% ~ 15%）仍会醒来并啼哭。这种情况会持续数月之久，甚至一晚会发生好几次，对父母而言，这种状况显然令他们筋疲力尽，有时候甚至烦恼不已。

尽管婴儿在夜晚的睡眠倾向存在显著的个体差异，但研究发现，婴儿夜里是否会经常醒来、啼哭与父母的一系列育儿实践有关。在这些实践中，一个核心问题是如何面对婴儿从清醒到睡眠的过渡。婴儿在出生后的 3 个月左右如果能在无须父母在场的情况下自己入睡，或者能借助一些方法自己入睡，那么她在夜里醒来后自己再次入睡的可能性也会较高。相反，如果婴儿从清醒过渡到睡眠状态时需要父母的积极参与（如被父母抱在怀里、被喂奶、被轻拍或抚摸），那么她在夜里醒来后仍然需要父母参与才能入睡的可能性就会很高。与用奶瓶喂养的婴儿相比，母乳喂养的婴儿在 3 个月大时更容易在夜里醒来可能也是因为这个原因。严格来讲，导致婴儿频繁在夜间醒来的原因并非母乳喂养本身，而是母乳喂养的婴儿更容易在吃奶时睡着后被放进婴儿床的经历。如果母乳喂养的婴儿在开始犯困时就被放进婴儿床，而不是等到他们睡着后，他们完全有机会跟其他婴儿一样具备没有母亲在场也可以顺利入睡的能力。

与婴儿频繁在夜间醒来相关的另一个因素是出生次序：出生超过 3 个月后，头胎婴儿在夜里频繁醒来并打扰父母的可能性明显高于非头胎婴儿。这可能是因为父母普遍对自己的第一个孩子可以在不受干预的情况下入睡信心不足。

总之，父母如果迫切希望婴儿在出生 3 个月过后不在夜间醒来，那么在婴儿出生后的最初几周乃至几个月留心观察孩子安然入睡的方式会起到一定的作用。婴儿完成从清醒到睡眠的过渡的难易程度差别较大，而对不同婴儿能起到辅助作用的具体策略也各不相同。根据婴儿对不同刺激方式的个人倾向匹配相应的安抚策略，能够使婴儿更快入睡，他们即使在夜间醒来也能够自己入睡。

第五章

培养安全感

培养安全感

早期的日常经验是后期婴儿形成安全感的基础

初到这个世界的婴儿一般都愿意与周围的人进行交流，而且他们很快就能熟知各家庭成员的特点。随着时间的流逝，婴儿不断体验着家人特殊的照料方式，并与照料她的每个人形成独特的关系模式。

这种不断发展的依恋之情涉及强烈的情感，与依赖及安全感有关。婴儿和母亲之间可能会发展出特别的依恋模式，不同于婴儿和父亲或悉心照料她的其他成年人之间的依恋模式。如果在婴儿出生后的最初几个月给予他们稳定且可靠的照料，且这样的照料贴合婴儿的需求，那么婴儿很可能会在这段关系中寻获安全感。因此，只要母亲在场，婴儿即使身处陌生的环境中也会感到安全，如果出现不安，也能从母亲身上寻获安慰。婴儿与父亲及其他照料者的依恋关系不像与母亲的那样安全，这没有什么内在的原因，因为依恋的性质取决于照料者与婴儿互动的质量。

随着时间的推移，婴儿通过与照料者构建关系获得安全感并受益，这样的孩子很可能会拥有非凡的自信心，在遇到困难时能够以更好的策略来应对。在婴儿出生后的 6 ~ 9 个月，安全依恋的迹象变得愈发明显，例如，当父母或者其他依恋对象离开房间时，婴儿可能会感到不安，他们一旦返回房间，婴儿会欢迎他们，而且很容易平静下来。最初几个月日复一日的照料为这些依恋模式打下了坚实的基础。

第六章

给予父母支持

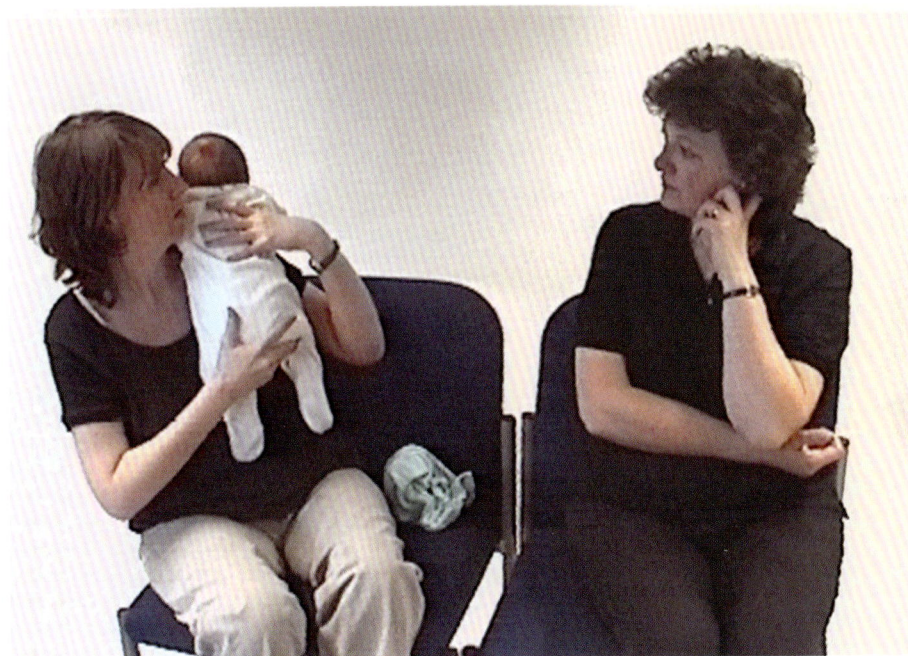

给予父母支持

照料婴儿的人也需要照顾

健康访视人员的作用

科莱特虽然非常喜欢照料自己的孩子，但如果有人愿意花时间倾听她讲述自己和女儿埃米莉相处的细节，帮助她理解孩子的需求，对她来说这样的支持是很有帮助的。理想情况下，像莉斯这样的健康访视人员能够完成这一职责。许多健康访视人员除拥有护理和健康访视的资格外，还接受过心理辅导方面的额外培训，可以为不满 5 岁孩子的家庭提供全方位的心理辅导。

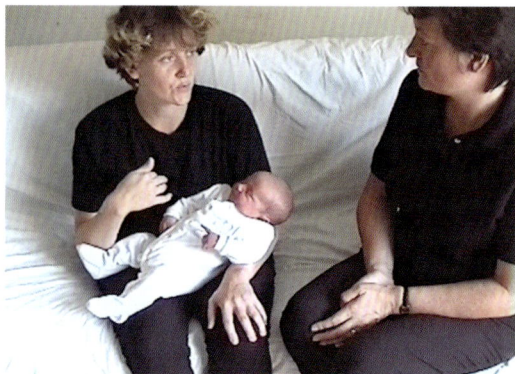

情绪健康

对大多数家庭来说，照顾婴儿是非常积极的体验，但也要求极高的使命，尤其是当他们需要面对孩子的经常啼哭和在夜里不断被孩子唤醒的状况时。英、美两国的研究表明，分娩后的几周或几个月内，10% ~ 15% 的产妇会出现一段时间的抑郁症状。如果女性曾经有过抑郁倾向，那么她们患产后抑郁症的风险就会增加，当然其他一系列相关因素也很重要。产妇从伴侣那里得到的支持的程度，以及是否有其他可以信任、依赖的人提供帮助都是关键因素，其中，产妇自己的母亲给予的支持尤其重要。家庭的居住条件及周边环境是否适合照料孩子也与产妇产后抑郁的发生有关。最后，不管是出于经济需要还是为了维持一份宝贵的工作，女性往往要在生产几个月后就恢复有偿工作，此时的女性往往特别脆弱，却又要承受重重压力。爸爸们也会发现，随着新生儿的到来，严峻的考验也相伴而来。事实上，针对患产后抑郁症女性的伴侣的研究发现，产后伴侣患上抑郁症的风险也会相应增加。总而言之，父母在给予孩子细心照料的同时也应获得很好的支持和安全感。

健康专家的作用

女性虽然在分娩前后会跟健康专家有几次接触，但许多女性并未在接触过程中被判定患有抑郁症。事实上，很少有人会意识到自己患有抑郁症，初为人母的女性尤其如此，她们可能没有意识到极度的疲倦或者伤心并非初为人母的正常体验，而是抑郁症的表现。因此，她们可能不愿意将这些症状告诉健康访视人员或者医生。实际情况是，产妇即使向健康专家倾诉了自己的问题，这些专业人士也并不总是那么有帮助。尤其令人遗憾的是，有充分的证据表明，大多数患产后抑郁症的女性如果能得到受过专业培训的卫生保健工作者如健康访视人员的帮助，往往能够迅速康复。在英国，为父母提供支持的新政策应该会改善健康专家提供的服务。当然，那些觉得无法自己独自应对以及感觉自己可能患上抑郁症的父母应该认识到，请求并得到健康专家的帮助是绝对合理的诉求。

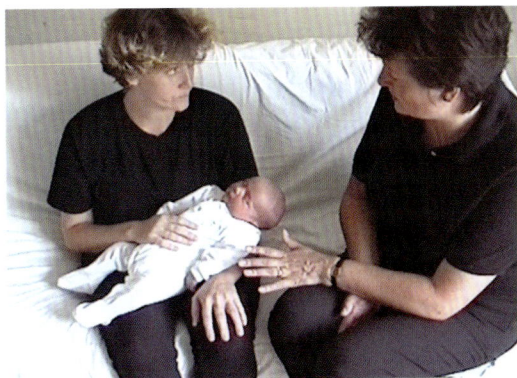

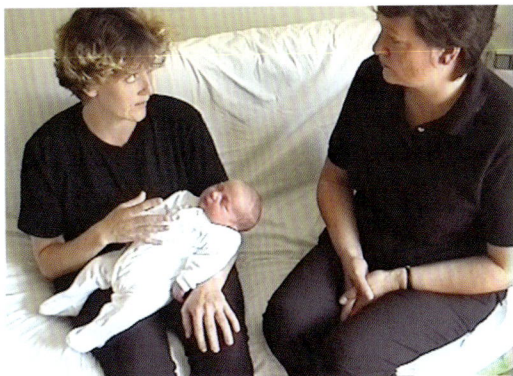

第七章

生活方式和选择

生活方式和选择

满足婴儿、父母和社会的需求

兼顾工作和照料婴儿

父母在孩子出生时所面临的情况千差万别，他们以不同的方式围绕孩子来安排自己的生活。父母在照顾婴儿时需要做很多特殊的安排，这些安排会受一系列因素的影响。最明显的自然是经济因素，包括薪水、福利、税金、法定休假津贴的额度和发放时间，以及就业保障。近年来，英国的劳动力结构发生了巨大变化，女性（包括子女尚且年幼的女性）在劳动力市场中所占的比例越来越大。事实上，在某些地区女性会比男性得到更多的工作机会，尽管其中相当一部分可能是兼职。影响父母生养孩子的因素，除了这些显而易见的经济因素之外，父母在育儿与有偿工作的平衡及父母的责任分配方面的个人偏好和理念也是显著因素。

在欧洲，在平衡育儿和有偿工作方面并不存在主导的偏好模式。排除经济方面的考虑，一些父母更希望多花时间在家里陪孩子，并将为人父母视为自己最主要的职责。有的父母则将同样强烈的热情投入到工作中，虽然他们也想生儿育女并且尽最大努力照料孩子，但他们还是觉得在养育孩子的同时将主要精力（就时间而言）放在事业上更好些。还有一些父母则希望在工作和照料孩子方面都投入充足的时间和精力，并且投入的时间和精力往往会随着孩子年龄的增长而有所变化，因为在孩子年幼时，父母往往需要花更多时间在家里陪伴他们。

一些欧洲国家，尤其是位于斯堪的纳维亚半岛的国家，它们通过育婴假规定、就业法令、福利及税收政策来支持那些希望在孩子出生后可以在家里照顾孩子3年的父母。近年来，英国政府在制定政策时更加重视新生儿的需求及父母希望花更多时间在家中陪伴新生儿的愿望，但相关的政策仍然不及其他欧洲国家完善。

父母较早复工对夫妻双方及婴儿的影响

研究表明，母亲在生产后4个月以内就恢复全职工作，并由父亲以外的人照料婴儿会给母亲带来巨大的情感缺失。即使这是父母双方青睐的育儿方式，而且也是最符合父母收入水平的选择，婴儿的情感缺失却是毋庸置疑的。还有一些父母在婴儿出生后的头几个月感觉自己别无选择，只能选择让父亲在完成一天的工作后花较长的时间照料孩子，这样就可以使母亲有时间出去工作，但这些父母的生活往往会变得相当紧张。

有关父母较早复工对早期亲子关系的影响，有研究表明，父母较早重返工作岗位会让婴儿面临困境，尤其是那些敏感的婴儿，对他们而言，适应日常生活的变化及照料结构的变化所需的额外调整可能会让他们备感压力。此外，父母如果由于多方面的压力（如经济压力）而较早重返工作岗位，并且照料孩子的时间变得很短，父母很可能因为不熟悉孩子特殊的沟通方式而在与孩子交流时更加难以做出积极的回应。

对那些将孩子交由他人照料的父母而言，照料的质量至关重要。尽量安排相对固定的照料人员，照料人员具备良好的品德及延续性是影响照料质量的关键因素。父母为婴儿提供高质量照料对婴儿的成长至关重要。然而，想要实现这一目标，父母可能需要支付自己无法承担的费用。因此，各级政府应发挥积极作用，为婴儿得到高质量的照料提供财政支持。

政策影响

就未来的政策而言，政策若能将各种不同的解决方案兼容并蓄，进而满足父母兼顾家庭生活及工作的个人选择，则有可能使婴儿的需要得到更好的满足。不论是孩子出生后不久便不得不回到工作岗位，还是因为花费大量时间照料孩子而无法继续珍视的事业，这些都会迫使父母跟他们根深蒂固的观念乃至个人价值发生根本性的冲突，而这些冲突显然都不利于父母的幸福。然而，不仅仅是因为关系到父母的切身利益，年幼孩子的父母理应得到较好的支持。此外，政策还牵涉到婴儿的最大利益，婴儿的父母应该免受其他因素的困扰，应该免于精疲力竭或压力过大，因为一旦出现这样的情况，他们就很难对婴儿的交流及其他方面的需要做出稳定且敏感的回应。因此，未来的政策不仅要关注婴儿自身的长期利益，还要给予婴儿父母以支持，让他们以自己希望的方式照顾婴儿。